COMPREHENSION OF SCIENCE HISTORY

과학사 이해

COMPREHENSION OF SCIENCE HISTORY

과학사 이해

박종범 저

형설출판사
www.hyungseul.co.kr

preface

머리말

이 책의 초판이 2014년 8월에 출간된 후, 과학사에 관심을 가진 많은 독자들로부터 큰 사랑과 성원을 받고 있다는 점에서 진심으로 깊은 감사를 드린다. 초판이 발행된 후에 부족한 부분을 새롭게 추가하여 개정판이 나오게 되었으며, 이번 개정판에서는 제5장 중세의 과학 부분과 제7장 고대 인도의 과학 부분의 내용을 좀 더 보완하였다.

과학사(科學史)는 고대에서 현대까지 이르는 자연과학의 변천과 발달 과정을 역사적, 문화적, 사회적 관점에서 연구하는 학문이다. 자연과학은 기술과 직간접적으로 밀접하게 연관되어 있으므로 과학사와 기술사는 일체적인 관계를 가지고 있다. 따라서 과학사는 자연과학(natural science)과 기술(technology)의 역사라고 할 수 있다. 인류의 역사는 자연과학과 기술의 발전사라고 말할 정도로 인류가 지상에 존재한 이후 선사시대로부터 냉혹한 자연환경 속에서 생존하기 위하여 다양한 기술들을 개발하고 발전시켜 오늘에 이르렀다. 그러나 자연현상을 어떻게 이해하였느냐 하는 과학적인 생각과 사상은 인류의 발전 단계별로 전혀 다른 시각으로 자연을 생각하고 해석하여 왔다.

과학이란 자연에 대한 어떤 체계적인 지식 즉, 사물과 현상간의 관계를 파악하는 것이라고 할 수 있다. 과학은 자연 세계에 대해 탐구하는 경험적이고 이론적이며 실험적인 지식의 집합체로, 관찰, 실험, 축적경험에 의한 예측을 지지하는 과학적 방법을 이용하는 과학자에 의해 창출되는 것이다. 과학에서 객관적 지식과 인간의 산물이라는 양립적 상황은 인문학적 방법인 역사서술을 과학사 탐구에 이용하는 좋은 발판을 제공한다. 고대부터 16세기 이전까지는 자연 세계의 경험적 조사가 과학적 주제의 대부분을 차지하여 자연철학(natural philosophy)이라고 할 수 있다. 중세에 다양한 과학적 방법이 발전하는 과정을 거치면서 근대과학이 발전하게 되었다. 근대과학의 발달은 16세기와 17세기에 유럽에서 일어난 과학혁명에 의하여 비로소 근대과학이 시작되어 17세기의 물리학과 천문학, 18세기의 화학, 19세기 생물학, 20세기에 전자공학과 생명공학의 비약적인 발달에 의하여 오늘날의 현대과학이 나타나게 되었다.

우리의 현대생활은 과학의 영향을 밀접하게 받고 있기 때문에 과학이 현대 문명의 중추라 할 수 있다. 따라서 현대과학의 발달 배경에 많은 관심을 가지게 되었으며 한편으로는 현대 과학기술의 결과 나타난 폐해와 환경오염에도 깊은 우려와 관심을 갖고 역사적 반성을 하게 되었다. 이런 배경에 의해 현재 많은 과학자들이 과학사에 관심을 갖고 연구를 시작하게 되었다. 과학사란 과학을 사회와의 연관 속에서 파악하려는 시도라고도 할 수 있는데, 오늘날 세계를 지배하는 과학은 역사적으로 볼 때 서양에서 17C이후 급속히 발달하기 시작한 산물이므로 과학사가 서양중심을 벗어나기 어려운 까닭이 여기에 있다. 현대과학문명의 발전은 인류와 하나밖에 없는 지구의 운명까지도 좌우할지도 모르게 무서운 속도로 혁명적인 발전을 거듭하고 있다. 특히 오늘날은 컴퓨터를 중심으로 한 정보지식혁명이 심화되어 이른바 '제3의 물결' 인 새로운 과학문명의 탄생이 진행 중에 있다. 이제 과학기술은 한 나라의 경제 발전이나 국력신장을 위한 주된 힘을 뛰어넘어서 국제 정치 · 경제 · 군사 · 사회 · 문화 모든 영역에서도 가장 중요한 과제가 되고 있어, 선후진국을 막론하고 과학 발전이 국가적 차원에서 경쟁이 심화되고 있다.

본 저서는 인류 역사의 발전과 함께 과학과 기술의 변천과 발전과정을 역사 시기별로 정리하여 세계 역사 속에서 과학이 어떻게 발전하였는지를 이해 할 수 있도록 구성하였다. 그래서 자연스럽게 과학사를 파악할 수 있도록 하였고, 과학사가 비록 서양중심이기는 하지만 동양에서 과학이 발전한 과정과 우리나라 전통과학도 가능한 충실하게 기술하고자 노력하였다.

이 책은 크게 6부로 구성되어 있다.

1부에서는 과학사의 역사를 다루었는데, 주요 내용은 교양으로서의 과학교육, 과학기술의 기원, 과학과 철학에 대하여 기술하였다.

2부에서는 고대에서 중세까지의 과학 발전과정을 다루었는데, 주요 내용은 고대 과학의 시작. 그리스의 과학, 로마에서 중세까지의 과학, 중세의 과학 발전에 대하여 서술하였다.

3부는 동양의 고대 과학을 다루었는데, 주요 내용은 고대 중국의 전통과학, 고대 인도의 과학, 아랍의 과학에 대하여 기술하였다.

4부는 중세에서 근대까지의 과학에 대하여 다루었는데, 주요 내용은 과학혁명, 17세기의 과학, 18세기의 과학, 19세기의 과학 발전에 대하여 서술하였다.

5부에서는 20세기 과학과 현대과학의 발전에 대하여 다루었는데, 주요 내용은 20세기 및 21세기에 발전한 과학분야와 현대 과학의 문제점에 대하여 서술하였다.

6부에서는 한국의 전통과학 발전 과정에 대하여 기술하였다.

과학이라는 인간의 정신적 · 기술적 활동에 대한 이해를 깊게 하기 위하여 선진국에서는 과학사 · 과학사회학 · 과학철학 · 과학정책학 등 과학학(science of science) 교육이 크게 강조되고 있다. 긴 역사에서 자연에 대한 이해와 탐구활동이 그 시대의 경제사회적 구조와 정치, 사상사와 연관하여 상호 어떤 영향을 주고 받았는가, 그리고 어떤 여건하에서 창의적인 과학활동이 활발하였는가 등을 이해하는 것은, 미래의 과학기술을 인류의 평화와 복지증진을 위해 어느 방향으로 발전시켜야 할 것인가를 알게 하는 중요한 교훈을 얻을 수 있기 때문이다.

아무쪼록 이 저서가 과학 기술의 변천과 발전과정인 인류 과학사를 이해하는데 조금이나마 도움이 되기를 기대한다.

2016년 7월

백양산 연구실에서 박종범

contents

차 례

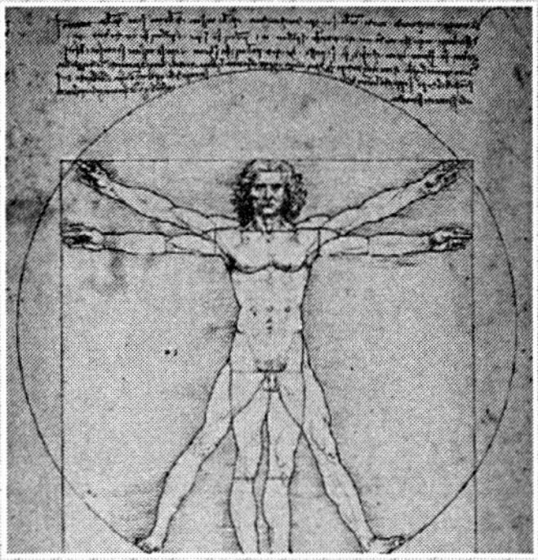

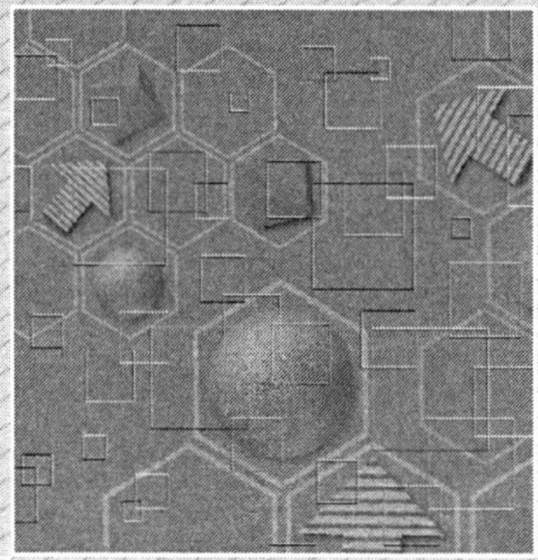

Comprehension of Science History

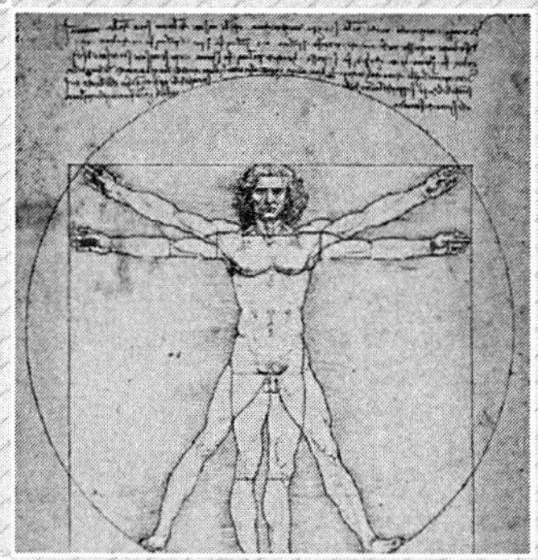

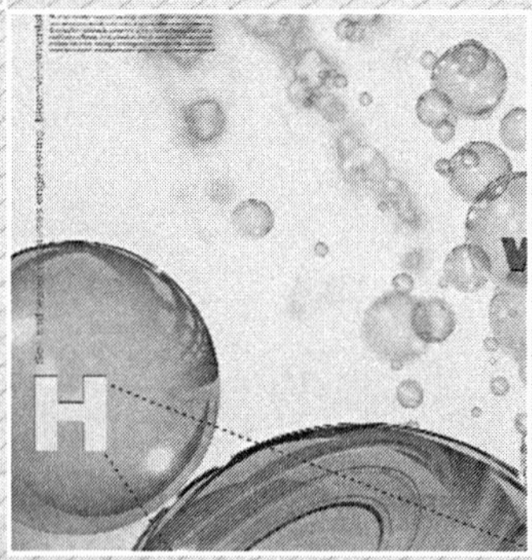

과 학 사 이 해

제 1 부

과학사의 역사

|제1장| 과학사와 과학 교육

제1장 과학사와 과학 교육

과학사란 무엇인가?

과학사란 고대에서 현대까지 이르는 과학의 발달을 넓은 문화적, 사회적 맥락에서 개관하는 학문을 말한다.

그러면 과학이란 무엇인가?

과학이란 자연에 대한 어떤 체계적인 지식 즉, 사물과 현상간의 관계를 파악하는 것이라고 할 수 있다.

근대 과학의 발달은 16세기와 17세기에 일어난 과학 혁명에 의하여 비로소 근대 과학이 시작되어 17세기의 물리학과 천문학, 18세기의 화학, 19세기 생물학, 20세기에 전자공학과 생명공학의 비약적인 발달에 의하여 오늘날의 현대 과학이 나타나게 되었다.

16세기 이전까지는 자연철학(natural philosophy)이라고 할 수 있다. 우리의 현대 생활은 과학의 영향을 밀접하게 받고 있기 때문에 과학이 현대 문명의 중추라 할 수 있다. 따라서 현대 과학의 발달 배경에 많은 관심을 가지게 되었으며 한편으로는 현대 과학 기술의 결과 나타난 폐해와 환경 오염에도 깊은 우려와 관심을 갖고 역사적 반성을 하게 되었다. 이런 배경에 의해 현재 많은 과학자들이 과학사에 관심을 갖고 연구를 시작하게 되었다.

과학사란 과학을 사회와의 연관 속에서 파악하려는 시도라고도 할 수 있는데, 오늘날 세계를 지배하는 과학은 역사적으로 볼 때 서양에서 17세기 이후 급속히 발달하기 시작한 산물이므로 과학사가 서양 중심을 벗어나기 어려운 까닭이 여기에 있다.

1절 | 과학사(科學史)의 역사

1. 1945년 이전

근대적인 의미에서의 과학이 나타난 것은 불과 300년 전의 일이다. 2000년 동안 지배적이었던 아리스토텔레스의 과학을 송두리째 거부함으로써 출범한 근대 과학은 자체안의 신비적, 철학적 요소들을 하나하나 제거하면서 무서운 속도로 발전하였다. 과학은 서구 문명의 주도적 세력이 되었으나 역사에서는 오히려 소외되었다.

17, 18세기에 간헐적으로 과학사 책이 나왔지만 이들은 예외 없이 다소 역사적 안목을 가진 과학자들이 여가를 이용하여 쓴 것들이다. 이들은 과학적 발견을 연대순으로 나열한 수준을 넘지 못했다. 과학 전체를 역사적으로 문제 삼으려는 노력이 없었으므로 이런 산발적인 과학사가 일반 역사가들의 관심을 끌 수 없었다. 1892년 라피뜨(Pierre Laffute)가 College de France의 과학사 교수에 취임함으로써 과학사는 처음으로 대학에 등장하였다. 이 무렵 프랑스와 독일에서는 따느리(Paul Tannery), 뒤엠(Pierre Duham), 주토프(Karl Sudhoff) 등의 본격적인 과학사가 등장하여 이들은 학문으로서의 과학사를 위한 기초 작업을 하였다. 영국에서는 1920년대 주요 대학들이 과학사 학과를 설치하였으며, 미국에서는 샤톤(George Sarton)이 활약하였는데 그는 전 세계의 14세기까지의 과학을 총망라한 백과사전적인 저서 『과학사 입문(Introduction to the history of science)』을 내놓았다. 그는 전통적인 역사가 주로 정치사였음을 비판하

고 과학사야말로 참된 문명사이며 인류사라 역설했다. 따라서 과학과 인문학을 다리 놓는 역할을 과학사가 할 수 있다고 믿었던 것이다.

2. 1945년 이후

제2차 세계대전 후 샤톤의 제자들은 몇몇 대학에 과학사 학위 과정을 만들고 학문으로서의 과학사의 토대를 굳혀갔다. 과학사가 학문으로서 자리 잡게 됨에 따라 연구 내용이 풍부해진 것은 물론 연구 방법도 크게 달라졌다. 연대표(年代表)나 백과사전식의 서술은 개념적 접근으로 바뀌었다. 전문적 과학사가에 의한 철저한 재검토로 아마추어들이 만들어 놓은 오류 투성이의 과학사는 속속 정정되고 있다. 또 과학사도 생물학사, 천문학사, 물리과학사 등으로 전문화 · 세분화되어 가고 있는 중이다.

전후 과학사의 지위는 급격히 상승하여 영국에서는 과학사 학과가 없는 대학이 없고 미국에서도 50개 대학이 학위 과정을 두고 있으며, 일본 동경 대학에서도 최근 학위 과정을 신설하였다. 이처럼 과학사가 갑자기 인기 학문으로 성장한 내적 요인으로는 과학사 자체가 외부의 관심을 불러일으킬 만큼 충분히 강력해진 탓도 있지만 다음과 같은 외적 요인이 크게 작용한 것으로 분석된다.

① 과학이 현대 문명의 중추적인 힘이라는 사실을 사람들이 새삼스럽게 깨달았다는 것이다. 우주 정복, 컴퓨터, 유전공학 등의 발전은 과학의 위력을 실감하게 했을 뿐만 아니라 현대 과학이 나오게 된 배경에 대한 관심을 자극했다.

② 과학 기술의 결과가 빚어낸 폐해를 둘러싼 긴장과 반발을 들 수 있다. 즉 환경 오염은 과학과 인류의 진보를 믿어오던 과학자들마저 깊은 우려를 할 정도로 악화되었다. 이에 어쩌다가 인류는 이렇게 헤어나기 어려운 수렁에 빠지게 되었는가를 역사적으로 반성하지 않을 수 없게 되었고, 자연히 과학사에 대한 관심이 고조되고 있는 것이다.

그러나 이렇듯 기대를 모으고 있는 과학사는 자체 안에 심각한 고민이 있다. 그것은 내적 접근(내적 과학사)과 외적 접근(외적 과학사)의 갈등이다. 내적 과학사는 과학을 폐쇄적인 영역으로 보아 그 내적 발전을 개념적, 방법적으로 검토한다. 철학자 꽈레(Alexan der Koyre)에 의해 시작되었는데, 그의 저서 『갈릴레오 연구』를 통해 과학 혁명은 외적인 조건과는 무관하게 근대 과학자들의 지적 태도의 변화 결과 일어난 것이라고 단정하고 사회적 환경은 과학 연구에서 중요한 요소가 될 수 없다고 하였다. 외적 과학사는 과학과 사회의 상호 작용, 과학과 종교, 기술, 제도 등 상호 관계에 관심을 둔다. 사회학자 머튼(Robert K. Merton)이 17세기 영국의 과학은 청교도주의의 가치관과 기술, 항해, 전쟁 등 당시의 사회적 요구에 기인한다고 주장함으로써 시작되었다.

외적 과학사에서는 과학 혁명을 종교 개혁과 자본주의의 부산물로 봄으로써 과학사가의 역할이 사소한 지엽적인 문제의 해결로 전락하고 만다. 그러나 내적 과학사에서는 과학 혁명을 근세에 일어난 가장 중요한 역사적 사건으로 보므로 과학사의 비중은 매우 크게 된다. 이런 배경이 작용하여 영미 과학사 학계에서는 외적 접근이 자취를 감추고 내적 접근이 득세하였다. 그러나 최근 외적 접근이 다시 일어나 내적 접근에 도전하고 있다. 이 주체는 젊은 과학사가들이다. 이들은 원자 폭탄과 환경 오염을 보고 겪으며 자란 세대인 까닭에 사회적 관심이 높으며 현대 과학에 비판적인 눈으로 보면서 사회적 환경은 과학 연구에서 중요한 요소가 될 수 없다는 내적 접근에 불만을 갖고 있다. 근대 이후의 과학에 있어서는 사회적, 경제적 측면이 더욱 중요해졌다. 쿤(Thomas S. Kubn)이 말한 대로 우리가 당면한 최대의 과제는 과학의 내적 · 외적인 면을 동시에 추구하고 둘을 종합하는 일이다. 이것은 말은 쉬우나 참으로 어려운 과업이다. 내적 과학사를 하기 위해서는 과학 자체를 이해하는 위에 철학과 역사를 알아야한다. 또 외적 과학사를 하기 위해서는 사회학, 경제학, 정치학 등 사회과학과 심리학을 알아야만 한다. 과학사가 어려운 것은 이 같은 특수성에 기인하기 때문이다.

3. 과학사의 발달사

과학의 탄생과 성장 과정들에 대한 이해 그리고 그것의 현재의 위치에 대한 평가와 앞으로 나아가야 할 방향을 가늠해보는 학문 분야인 과학사가 하나의 학문으로서 대학에 정착하던 일은 20세기 중반 미국 대학들에서 일어났다. 그렇지만 과학을 역사적으로 기술하고 이해하려는 행동은 19세기를 통해 습득되었다. 19세기 유럽에서는 오늘날 볼 수 있는 과학의 여러 가지 측면들이 새롭게 생겨났다.

우선 과학은 이 시기에 전통적으로 존재하던 성직, 법률직, 그리고 의료직과 같은 하나의 전문 직업으로 정착되었다. 어떤 직종이 전문 직업화된다는 것은 그것이 대략 다음과 같은 세 가지 요건들을 갖추어야 하는데, 첫째로 체계를 갖춘 학문적 지식의 습득을 전제로 그 분야를 위한 전문 교육이 이루어져야 하고 둘째로 그 직종에 종사함으로써 생계를 유지할 수 있어야 하며 셋째로 그것에 대한 사회적 중요성이 인정되어 국가로부터 배타적인 권한을 부여받아야 한다. 이러한 요건들 중 두 가지는 18세기에 대표적으로 라부아지에(A. L. Lavoisier, 1743~1794)가 활동하던 프랑스에서 갖추고 있었다. 1794년에 등장한 에콜 폴리 테크닉에서는 수학적 기술적 과학 교육을 실시하였고, 여기에서 교육을 담당한 과학자들과 과학 아카데미에서 활동하던 과학자들의 노력으로 과학은 점차 배타적인 권한을 부여받았다. 그렇지만 아직 과학의 실행으로 생계를 유지하기는 어려웠는데, 이 마지막 요건은 19세기 독일 대학이 제공하게 되었다.

두 번째로 이 시기의 과학은 자연물에 대한 이론적이고 체계적인 지식으로서 실제적이고 기술적인 응용성을 갖추기 시작했다. 18세기 말에 진행되었던 산업 혁명은 이제까지 과학적 지식과 실제적 응용이 처음으로 효율적으로 접목된 예로 간주되어왔으나, 증기에 대한 체계적인 연구를 수행하던 기체화학자 조셉 블랙(Joseph Black, 1728~1799)과 뉴커먼 엔진을 개선하여 실용 가능한 형태로 제작했던 제임스 와트(James Watt, 1736~1819)는 사실상 서로의 연구와 작업에 대해 거의 알지 못하는 상황이었다. 산업 혁명이 진행되면서 과학과 기술의 접목에 대한 의망과 의도는 여기 저기에서 표현되었지만 실제로 이 둘의 결합이 가능하였던 것은 19세기 말의 제2차 산업 혁명기였다. 독일의 유기화학자 리비히(Justus von Liebig, 1803~1873)는 기센 대학의 실험실에 과학 연구를 제도적으로 정착시키는데 크게 기여했고, 실험실의 산물인 인공 염료로 화학 공업의 일대 변혁을 가져왔다. 이러한 일은 곧 이어서 미국의 전기 산업에서도 일어났으며, 오늘날 과학과 기술은 마치 분리할 수 없는 거울 이미지(mirror image)로 연결되었다.

세 번째로 19세기를 거치면서 과학은 오늘날과 같은 과학의 제 분야들로 분리 확립되었다. 역학을 중심으로 전기, 자기, 빛, 열, 소리가 하나로 묶여 물리학이라는 학문이 형성된 것은 1880년대의 일이었고, 화학이 글라스고우 대학의 기체화학자들의 노력에 힘입어 중세의 연금술적 전통에서 해방되었고, 자연신학과 맞물린 자연사로부터 지질학과 생물학이 각각 분리 독립되고 독자적인 학문의 영역을 형성하였다.

2절 | 교양으로서의 과학 교육

교양 과목으로서 왜 과학사를 공부해야 하는가?

우리는 지금 이른바 과학 기술시대에 살고 있다. 현대 생활은 끊임없이 과학의 영향을 받고 있다. 과학에 의해 급격히 변화하는 사회의 도전에 부응할 수 있는 교육이 절실히 요청된다. 이런 점에서 과학 교육은 특별한 중요성을 갖는다. 예를 들면, 에이즈(AIDS)에 대하여 교육을 받아 잘 알고 있으면 에이즈에 걸릴 가능성은 그만큼 줄어들 것이다.

그러면 과학사는 과학 교육을 위해 무엇을 할 수 있는가?

샤톤은 과학사가 과학을 인간화하고 인문학을 과학화하는 역할을 해야 한다고 주장하였는데, 과학의 인간화라는 이상은 과학 교육을 통해 가장 효과적으로 실현될 수 있으며, 이를 위한 가장 좋은 무기가 과학사이다.

교양으로서의 과학 교육을 공부하려는 경우 상대는 반드시 과학을 자발적으로 공부하려는 의욕을 가진 사람들이 아니다. 일반적으로 인문사회과학계열 학생들은 과학에 흥미가 없거나 반감을 품고 있다. 이들에게 난해한 현대 과학을 가르친다는 것은 그 자체가 의의 있는 일이기는 하나, 실효를 거둘 수 없을 뿐만 아니라 오히려 반과학적 태도를 강화시키기 쉽다.

교육가 코넌트(James B. Conant)는 일반적으로 일반인에게 과학을 가르치는 첩경은 역사적 접근이라고 주장하였는데, 이 방법의 이점은 현대 과학보다 비교적 적은 사실적 지식과 수학을 필요로 하며, 지적 거인들이 선구자로서 겪는 어려움을 통해 과학이 어떤 것인가를 엿볼 수 있다는 것이다. 즉 고대로부터 현대에 이르는 과학의 발전을 넓은 문화적, 사회적 맥락에서 개관한다는 것은 유익하고도 흥미진진한 방법이다.

과학사를 통해 우리는 그리스의 사변적인 자연철학이 과학 혁명에서 어떤 역할을 했고 현대 물리학과는 어떻게 관련되는가를 보며, 코페르니쿠스의 태양중심설, 뉴턴의 물리학과 광학, 다윈의 진화론이 당시의 문화사조를 어떻게 바꾸어 놓았는지, 또 정치, 경제 사회 사상에는 어떤 영향을 주었는지 중요한 실마리를 잡을 수 있다. 따라서 교양으로서의 과학 교육은 과학사를 위주로 하고 과학철학과 현대 과학을 중점적으로 포함하는 것이 가장 이상적이다.

과학사는 그 자체 학문으로서도 중요하지만 인문사회과학과 자연과학을 연결시킬 분야로서 과학 교육에 종사는 모든 사람들의 관심의 대상이 되어야 하며, 과학사 쪽에서도 내적, 외적 접근을 조화시켜 나가야 한다.

과학사는 과학 교육에서 어떻게 사용될 수 있을까? 과학사는 과학 교육에 암묵적으로도 사용될 수 있고 명시적으로도 사용될 수 있다. 수업 현장에서 과학사를 명시적으로 과학 수업에 도입하기 위해서 교사는 먼저 수업의 어떤 부분에 과학사를 도입할 수 있을지를 결정해야 한다. 과학 학습 내용 중에는 과학사를 수업에 사용하기에 적합한 주제가 있는가 하면 어떤 것은 그렇지 않기 때문이다. 또한 어떤 주제는 수업을 시작하는 도입 단계에서, 어떤 주제는 수업 전개 단계에서, 어떤 주제는 수업을 정리하는 단계에서 과학사를 사용하는 게 유익하다. 도입 단계에서 과학사를 사용할 때는 강의 내용에 대한 학생들의 동기와 흥미를 유발시키는 데 유익한 전기적 일화나 과학적 업적이 출현하게 된 당시의 사회적 배경 등을 소개하는 것이 적합할 것이다. 오개념 교정이나 개념의 심화 학습을 위해서는 전개 부분에서 그 개념에 이르기까지 과학자들의 과정을 추적하게 하는 것이 바람직할 것이다. 이때는 과학적 업적이 출현하기까지의 시행착오, 시행착오의 원인 규명 등 구체적인 연구 과정이 소개되어야 할 것이다. 결론 부분에서는 주로 과학에 대한 인간의 책임이나 과학의 사회적 영향, 과학과 인간의 관계, 바람직한 과학관 등을 정리하기 위해 과학사를 사용할 수 있을 것이다.

과학사가 과학의 다양한 측면을 가르치는 데 중요한 역할을 할 수 있다. 과학은 한편으로는 사람들에 의해 생성된 사회적 산물이며 다른 한편으로는 역사적 산물이다. 과학의 사회적 측면에 대한 대표적인 예로는 갈릴레오의 태양중심설 재판을 들 수 있다. 지금까지 로마 교황청이 태양중심설과 관련하여 갈릴레오를 재판하고 정죄한 사건은 종교와 과학의 갈등에 대한 고전적인 예라고 인식되어 왔으나 최근 연구의 결과는 전혀 다른 면을 보여주고 있다. 즉 갈릴레오 재판은 갈릴레오의 논쟁적 성격과 더불어 당시 사회의 종교적, 정치적 진보 세력과 보수 세력 사이의 갈등 때문에 야기되었다는 것이다. 그래서 최근에는 과학 혁명 전체를 재해석하려는 움직임이 활발하다. 또한 과학은 그 시대의 사회적 산물임과 동시에 문화적 산물이다. 한 예로 19세기 전자기학의 등장은 19세기 유럽의 문화적인 조류였던 낭만주의 기풍과 무관하지 않다. 직접적인 접촉에 의해서만 모든 것이 일어난다는 기계론적 뉴턴 철학과는 달리 '감정의 이입' 혹은 '느낌'을 강조한 낭만주의는 19세기 전반 유럽의 모든 분야에 영향을 미쳤다. 문학, 음악, 철학, 사회는 물론 과학에까지 영향을 미쳤다. 원격 작용에 근거한 전자기학, 진화론이나 세포설 등은 여러 면에서 낭만주의적인 기풍을 지녔기 때문에 과학사가들은 이들을 낭만주의 과학으로 분류한다.

또한 역사적인 교수는 과학과 시대정신, 과학과 사회의 다른 유관한 분야들과의 관련성을 지워줌으로써 전체적인 과학의 직조 구조 속에서 현재 자신이 공부하고 있는 분야의 자리 매김 작업을 도와줄 수 있다. 한 예로 18, 19세기에 등장한 열역학은 산업 혁명으로 인해 곳곳에서 사용되고 있는 열기관(주로 증기기관)의 효율 증대와 밀접한 관계가 있다. 또한 18세기 중반부터 19세기 중반까지 일어난 화학 혁명은 이산화탄소, 수소, 산소, 질소 등의 기체 발견과 밀접한 관련을 갖고 있다. 이러한 기체 발견으로 인해 플로기스톤설이 부정되게 되었고 이와 더불어 출현한 라부아지에의 현대적인 연소설은 달톤의 원자론으로, 원자론은 아보가드로와 카니자로의 분자론으로 이어지게 되었다. 이러한 원자에 대한 관심은 19세기 후반, 방사능 발견, 원자구조의 해명 등으로 이어져 20세기 원자력 문명이 도래하는 것을 준비하였다.

이 밖에도 망원경의 발명과 발달로 인해 천문학의 향방이 달라졌으며 논쟁에 휘말렸던 뉴턴의 만유인력법칙은 확증되었다. 19세기말부터 광속에 대한 정밀 측정이 가능하게 된 것은 전기 사용으로 인해 모터와 전기적 광원을 사용할 수 있게 된 것이 결정적이었다. 19세기 생물학에서 독일 슈라이덴(M. J. Schneiden, 1804~1881)과 슈반(T. Schwan, 1810~1882)에 의한 세포설은 현미경 발달의 직접적인 결과였으며 1865년에 발표된 멘델(Gregor Mendel, 1822~1884)의 유전법칙은 1859년 발표된 다윈(Charles Darwin, 1809~1882)의 '종의 기원'을 생각지 않고는 이해할 수 없다. 1920년대에 베게너(Alfred Wegener, 1880~1930)가 제안한 대륙이동설이 1960대에 다시 부흥하게 된 것은 대륙이 이동한다는 사실을 구체적으로 측정할 수 있는 레이저의 발명을 생각지 않으면 안 된다. 20세기 초반 네덜란드의 온네스(Kamerlingh Onnes, 1853~1926)가 초전도 현상을 발견한 것은 헬륨 액화 기술이 발달하지 않았더라면 생각할 수 없는 것이었다. 이러한 것들은 특정한 과학이나 기술의 발달이 인근 과학의 발달과 얼마나 밀접하게 관련되어 있는지를 보여주는 몇몇 예들에 불과하다.

과학사는 과학철학에서 제기하고 있는 전통적 과학 방법론, 즉 귀납법

비판에 대한 역사적 근거를 제공함으로써 바른 과학적 방법론을 제시해 준다. 모든 이론은 관찰 위에 근거한다는 소박한 귀납주의자들의 주장과는 달리 과학 사상의 많은 중요한 발견들은 이미 이론적으로 예측된 것들을 관찰함으로써 이루어진 것을 볼 수 있다. 예를 들면 해왕성의 발견은 관측이 먼저 이루어진 것이 아니라, 이론적 예측이 먼저 이루어진 것이다. 뉴턴의 만유인력법칙과 케플러의 행성 운동에 관한 법칙에 근거하여 1846년 천왕성의 섭동(perturbation)으로부터 천문학자들은 천왕성과 명왕성 사이에 미지의 행성이 존재해야 한다고 예측하였다. 이미 이론적으로 미지 행성의 크기, 질량, 궤도 등도 알려진 상태에서 충분히 정밀한 망원경의 출현만을 기다리고 있었다. 때가 되어 적절한 망원경이 개발되자 예측한 바와 같이 해왕성은 발견되었다.

화학에서 일정성분비의 법칙도 먼저 실험을 통해 증명된 것이 아니라, 물질은 작은 입자로 구성되어 있으리라는 입자론적 선입견에 근거하여 발견되었다. 달톤은 만일 물질의 최소 단위가 더 이상 쪼갤 수 없는 입자라고 한다면 이러한 입자들이 다른 물질들과 결합하는 데는 일정한 비가 있을 것이라고 가정하였다. 이러한 선입견에서 시작하여 산소와 탄소의 결합 실험을 한 결과 탄소가 산소와 결합하는 몇 종류의 비율이 있는데 이 비율들은 정수비임을 발견한 것이다. 사실 원소들끼리 결합하는 데 어떤 일정한 비율이 있다는 것은 오래 전부터 관찰되어 왔으나 물질의 입자설(혹은 원자설)이라는 전제의 안경을 통한 관찰이 이루어지기까지는 과학적 사실이 되지 못했다.

상대성 원리의 증명도 귀납법을 따르지 않은 중요한 예라고 생각된다. 금세기 초, 특수상대론과 일반상대론이 발표되었을 때는 많은 사람들이 믿지 못했다. 그러나 후에 상대론의 검증을 위해 상대론에서 예측하고 있는, 개기일식 때 별빛이 실제로 태양 근처에서 휘는 현상을 관측한 후 비로소 상대론은 받아들여지게 된 것이다.

현대의 입자물리학도 귀납적 추리를 따르지 않는 고전적 예이다. 새로운 소립자를 찾으려는 노력은 무작위로 이루어지지 않을 뿐 아니라 대부분 관찰이 선행되지도 않는다. 대부분의 실험들은 이미 자연의 대칭성이나 총일성과 같은 근본적인 규칙성에서 출발하여 아직 관찰되지는 않았지만 있으리라고 예측되는 미지의 입자를 찾는 것이다. 한 예로 중간자의 발견은 실험적으로 이를 관찰하기 오래 전에 유가와 히데키 등에 의해 이미 이론적으로 예언된 것이며, 최근 톱쿼크(top quark)와 같은 새로운 입자들의 발견도 면밀한 이론적 예측 위에서 이루어진 것들이 대부분이다. 현재 새로운 입자를 찾으려는 사람들도 이미 이론적으로 예측되는 것들을 찾으려고 노력하는 것이다. 이러한 과학사의 예들은 과학 교사들이 전통적 귀납법의 신념을 포기할 것을 시사해 준다.

과학사가 어려운 과학적 개념을 가르치는 데 효과적이라는 주장은 이미 여러 사람들에 의해 지적되었다. 과학사는 학생들에게 현재의 과학적 개념이 어떤 것인지, 학습 내용의 계열성은 어떠해야 하는지를 말해 줄 수 있다. 선대 과학자들이 과학적 발견이나 개념에 이르기까지 겪었던 다양한 경험들과 이들이 사용했던 논리적인 과정을 추적하는 과정에서 학생들은 좀 더 생생하게 과학적 사실들을 배울 수 있으며 또한 개념 학습을 할 수 있는 것이다. 또한 역사를 통해 학생들은 과학적 진리의 뿌리를 알 수 있으며 과학에 대한 이전 사람들의 조망을 이해함으로써 학생들은 현재 이론들이 앞으로 어떻게 변화하고 발전해 갈 수 있는지를 알 수 있다. 그리고 과학에 대한 여러 다른 견해를 접하면서 학생들은 과학적 이론에 적용할 수 있는 바른 혹은 그른 개념보다 유용한 혹은 덜 유용한 개념이 있음을 볼 수 있게 될 것이며, 나아가 역사를 통한 이전 과학자들과의 대화는 학생들이 가진 과학적 개념의 간격을 메우는 역할을 할 수 있다.

3절 | 과학 기술의 기원

과학 기술의 기원은 인간의 본질과 관계된다. 인간은 '생각하는 존재(*Homo sapiens*)' 인 동시에 '만드는 존재(*Homo faber*)' 이다. 자연을 이해하고 정복하려는 인간의 욕구가 각각 과학과 기술을 낳았다. 이 욕구는 두 가지 다른 동기, 즉 호기심과 실질적 필요에서 나온 것이다. 사색과 공작의 산물인 과학과 기술도 명확히 구별되지 않으며 종합적 인간 능력의 표현이다. 자연에 관한 체계적인 지식으로서의 과학이 발생한 것은 3000년도 안되며 근대적인 의미의 과학은 불과 300년 전에 시작되었다. 이에 비해 기술의 역사는 거의 인류의 출현과 때를 같이 한다.

2500년 전쯤 여러 문명 발상 지역에서 자연에 대한 본격적인 사색이 비롯되었다. 이것은 실생활과는 전혀 관계없는 '지식 자체를 위한 지식'의 추구였다. 신화시대의 정보, 기술적 지식, 부의 축적이 과학의 탄생을 가능하게 하였다. 과학은 기술적 근원을 가지나 일단 발생하자 기술과의 관계가 끊어졌다. 과학과 기술은 종사하는 사람들의 신분부터 달라 협조가 어려웠다. 이렇게 해서 학자는 일하지 않고, 장인은 배우지 않는다는 불행한 전통이 시작되었다. 과학은 귀족과 부호 계층에서 여가에 지적 욕구를 만족시키기 위하여 추구되었으며, 기술은 노예나 천민 계급이 생계를 위해 하는 일이 되어버린 것이다.

16, 17세기의 과학 혁명은 학자와 장인의 힘을 합쳐 이룩한 것으로, 과학과 함께 발생해서 내려온 철학을 떨어져 나가게 하는 대신 평행선을 그려온 과학과 기술이 다시 결합될 수 있는 계기를 마련했다. 과학 혁명은 6~9세기 유럽의 농업 기술 혁신, 11세기부터 자연 동력 즉, 수력과 풍력을 이용한 것, 중세 말에 발전된 인쇄술, 화약, 총포로 말미암아 인쇄술은 장인들의 문자 해독을 가능하게 해 그 가운데 자기의 경험을 기록하는 사람이 나왔고 이것은 기술이 학자적인 전통과 접목할 수 있는 길을 텄으며, 총포는 봉건체제의 붕괴를 촉진시키는 역할을 하여 과학 혁명이 일어나게 된 것이다.

1. 과학과 기술의 협조

과학 혁명에서 거북하게 손을 잡은 과학과 기술의 관계는 18, 19세기의 산업 혁명에 이르러 차츰 균형을 잡게 된다. 초기에는 아직 과학이 기술에 직접적인 영향을 줄 수 없었다. 이때는 과학이 기술에게 아이디어를 줄 수는 있었으나 그 실행 방법을 제시하기에는 무력했다. 100년 전까지 기술은 과학의 영향을 크게 받지 않고 발전해 왔다.

그러나 산업 혁명 후기인 19세기에 와서는 그 양상이 크게 달라져 과학과 기술은 대등한 위치에서 긴밀한 상호 작용을 하게 되었다. 유기화학의 경우 실험실에서 합성에 성공하면 공정의 문제가 해결되는 대로 즉시 공업화될 수 있었다. 이에 따라 과학은 갑자기 사회적, 경제적 발전의 원동력으로 등장하였다. 이후 과학과 기술의 협조는 폭발적인 산업의 발달을 가져왔다.

2. 현대의 과학 기술 혁명

20세기에 들어와 과학 기술은 경이적인 약진을 보였다. 현재 진행되고 있는 과학 기술 혁명의 특징은 과학과 기술이 밀착해 있으면서 상호 의존도가 날로 커진다는 사실이다. 과학은 기술의 진보를 촉진하고, 반대로 기술이 제기하는 문제는 과학의 발전을 자극하는 상승 효과에 의해 과학 기술은 가속적으로 전진한다.

응용을 전혀 고려치 않고 추구된 순수 과학의 이론이 기술에 의해 포착되어 뜻밖의 결과를 내고 있다. 특수상대성이론이 원자 폭탄을, 고체물리학이 트랜지스터를 낳은 것은 유명한 예이다.

한편 현대 과학의 연구는 많은 경우 기술이 발전시킨 정교한 기기에 의해 가능하다. 세포와 바이러스 세계는 전자 현미경을 통해 밝혀졌으며, 핵산의 구조 결정은 컴퓨터에 의해 가능해졌다.

이와 같이 오늘날은 과학 없는 기술, 기술 없는 과학은 상상조차 할 수 없다. 이제 과학과 기술은 분명한 구획이 어려울 정도로 혼연 일체가 되었다. 현재 진행되고 있는 과학 기술 혁명의 특징은 과학은 기술의 진보를 촉진하고 반대로 기술이 제기하는 문제는 과학의 전진을 자극한다는 사실이다.

4절 | 과학과 철학

과학은 자연을 대상으로 하는 학문이며 철학은 과학을 대상으로 하는 학문이다. 과학은 철학에서 자라났다. 철학자가 물은 질문은 과학의 기초를 이루어왔다. 철학은 억측을 하고 과학은 결정적 해답을 준다. 따라서 질문을 던지면 그는 철학자이고 그것에 대해 답을 하면 그는 과학자이다. 철학자는 과학자가 답하지 않거나 해답을 할 수 없는 문제들을 다룬다. 상대성이론이 행성 운동을 어떻게 설명할 수 있는가는 과학 문제이고, 왜 이 해답이 과학자들에 의해 받아들여지는가는 철학 문제이다.

러셀(Bertrand Russe, 1872~1970)은 '과학은 우리가 아는 것이고 철학은 모르는 것이다' 라고 과학과 철학의 차이를 설명하였다. 인간이 자연에 대해 거의 아는 것이 없었던 때는 모두가 철학이었다. 자연에 대한 지식이 차츰 늘어감에 따라 어느 정도 알게 된 분야는 과학으로 넘겨주어 개별 과학들이 하나씩 독립해 나갔다는 것이다. 즉 우주론, 우주 창생론은 원래 철학이었는데 뒤에 천문학으로 넘어갔고, 철학에서 다루던 영혼, 정신의 문제는 19세기에 이르러 마지막으로 독립된 심리학의 주제가 되었다. 이리하여 과학의 영역은 계속 확대되는 한편 철학은 해결되지 않은 문제들과 씨름을 계속한다. 과학이 철학의 영역을 점점 침범해 들어가 철학이 위축되는 것 같이 보일지 모르나, 우리가 모르는 세계는 한없이 넓은 것이므로 철학이 할 일은 얼마든지 있는 것이다. 새로운 문제가 끊임없이 생길 뿐만 아니라 일단 개별 과학으로 넘어간 분야에도 철학이 계속 관심을 기울여야 할 문제가 여전히 남아 있다.

1. 역사적 배경

기원전 6세기 탈레스(Thales, BC 624~545)는 과학사와 철학사에서 똑같이 시조로 받들어진다. 이때 비로소 실생활에의 응용과 무관하게 '지식

자체를 위한 지식(science for its own sake)' 이 처음으로 추구되기 시작했다. 이것은 과학이며 동시에 철학이었다. 그리스 초기의 과학자(자연철학자)들의 공통의 의문은 우주를 이루는 근본 실재가 무엇인가 라는 것이었다. 그들은 우주의 원질(arche)을 탐구함에 있어 신화적 설명을 배격하고 자연에서 해답을 구하는 합리적 태도를 보여주었다.

소크라테스(Sokrates, BC 470~399)로부터는 철학의 관심이 자연에서 인생으로 옮겨져 이른바 인성론시대(anthropologische periode)가 시작된다. 말하자면 철학에 고유한 새 영역인 윤리가 추가된 것이다. 아리스토텔레스(Aristoteles, BC 384~322)에 이르러 과학 또는 철학은 집대성되고 체계화되었으나 이를 계기로 분리 과정이 시작된 것도 사실이다. 시간이 감에 따라 과학과 철학 사이에는 일종의 분업이 이루어져 철학은 예지적 원리를, 과학이 구체적인 사실들을 맡게 되었다. 이런 경향은 점점 심해져 근대 이후에는 철학과 과학이 분리된다. 16, 17세기의 과학 혁명(scientific revolution)은 과학과 철학이 더욱 분리되게 하였다.

과학은 이제 '왜' 의 문제는 철학에 넘겨주고 '어떻게' 의 문제만 다루게 된 것이다. 아리스토텔레스는 물체가 떨어지는 원인을 문제 삼아 그 안에 있는 신비로운 것이 물체의 고향인 땅으로 가고 싶어 하기 때문이라고 했었다. 그러나 갈릴레오는 무거운 물체가 왜 떨어지는가는 알 필요가 없다고 하면서 그것이 어떻게 떨어지는가, 즉 물체의 속도가 얼마나 변하는가에만 관심을 가졌다.

18, 19세기의 산업 혁명(industrial revolution)을 계기로 과학과 기술의 관계가 긴밀해지자 과학은 적어도 표면적으로는 철학과 완전히 결별한 것 같이 보였다. 과학은 초기의 자연철학적인 성격을 잃고 점점 기술 비슷한 것이 되어갔다. 요즘 과학에서 철학에 대한 관심이 갑자기 고조되고 있다. 그것은 과학이 세계와 인류에게 중대한 의미를 갖게 된 결과이다.

현대 과학은 개념적으로나 사회적으로나 심각한 딜레마에 빠져있다. 무비판적으로 독주해온 과학이 인류를 전멸로 몰아넣을지 모르는 시점에서 늦게나마 겸허한 반성을 하게 된 것이다.

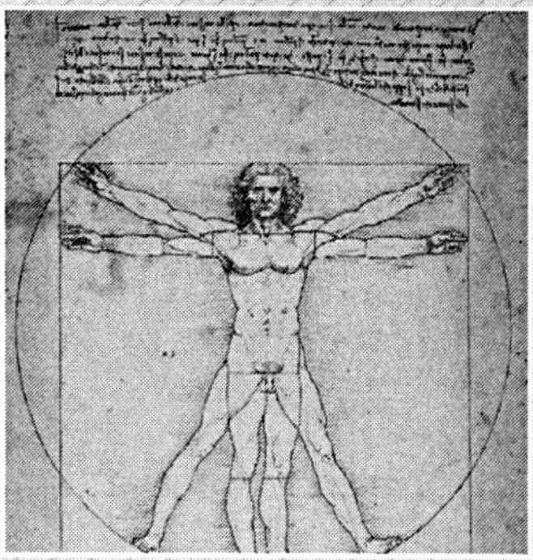

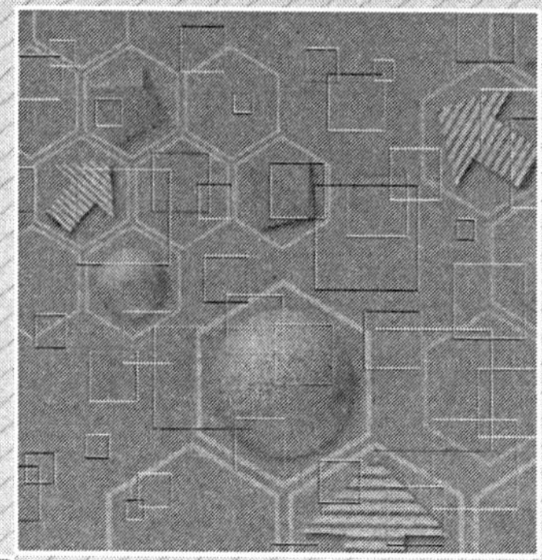

Comprehension of Science History

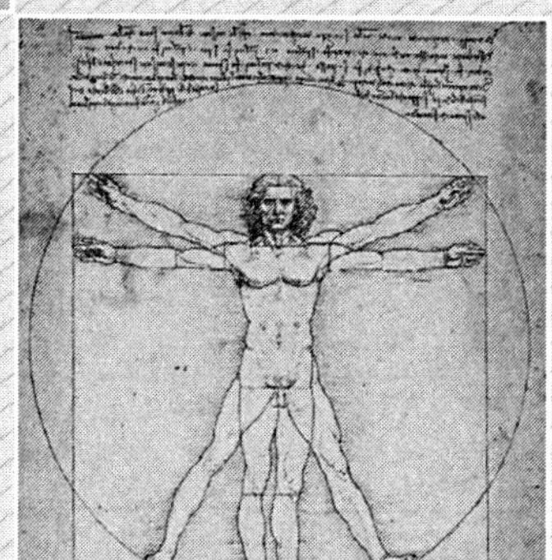

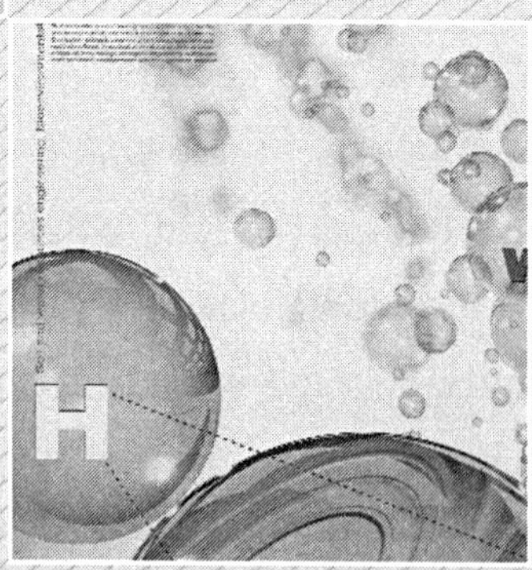

과학사 이해

제 2 부

고대에서 중세까지의 과학

제2장 | 고대 과학의 시작

과학은 자연에 대해 어떤 체계적인 지식으로 인간의 슬기의 소산 즉 인간의 탐구 반사가 과학을 탄생시킨 것이다. 그리고 과학은 끊임없이 나아가는데, 이것을 '과학의 자기 운동'이라고 한다. 자기 운동의 에너지를 공급하는 것이 인간의 탐구 반사이다. 과학의 본령은 사물과 현상간의 관계를 파악하는 것이라고 할 수 있다.

1절 | 과학의 시작

고대 이집트의 강과 농경을 묘사한 그림 : 쟁기가 아주 오래 전부터 사용되었음을 알 수 있다. 그러나 누가 그것들을 만들어 주었는지 알지 못한다. 단지 신화와 전설 속에 어렴풋이 표현되어 있다.

과학의 시작은 구석기시대에 인류가 불을 발견함으로부터 시작되었다고 할 수 있는데, 인간을 동물에서부터 한 단계 높은 차원으로 끌어올려 준 역사상 가장 위대한 발견이다. 그러나 누가 맨 처음 불을 이용하기 시작했는지 모른다. 또한 신석기시대에 농사를 시작하면서 연장이나 공구를 발명하기 시작하였고 청동기시대에 청동을 사용하는 등 활, 바퀴, 구리나 쇠 같은 금속의 발견으로 말미암아 인류 문명이 크게 발달되었다.

그러나 누가 그것들을 만들어 주었는지 알지는 못한다. 단지 신화와 전설 속에 어렴풋이 표현되어 있다. 예를 들면, 프로메테우스(Prometheus)가 신에게서 불을 훔쳐왔다는 서양 전설이 있고, 중국의 고대 문화에서는 수인씨(燧人氏)가 불을 처음 인간에게 전해주었으며, 복희씨(伏羲氏)는 팔괘(八卦)를 처음 만들어 점치는 법을 전달하였고, 신농씨(神農氏)는 농업과 의약을 처음 시작하였다고 알려져 있다. 그러나 이들은 모두 신도 인간도 아닌 중간적 존재이다.

과학은 이러한 전설과 신화의 시기에서 비롯한다. 따라서 과학의 발달은 인류 문명의 일반적 발달과 발맞추어 시작되었다. 즉, 자연적으로는 춥거나 덥지 않은 온대 지방으로 강을 끼고 바다에 가까우며 농경지이면서, 경제적으로는 농경사회이고 정치적으로는 원시국가로 조직되어 지식계급으로서 사제 계급사이에 자연에 관한 지식이 전수되어가면서 과학이 시작되었다. 또한 과학이 시작되기 위해서는 알아낸 지식이 후대에 계속 계승되어야 하는데 이를 위해 문자의 발명도 필요하였고, 과학적 관찰의 바탕에 깔리게 되는 어느 정도의 수에 대한 개념이 발달되어야 한다. 그리스 문명(나일강의 문명, 티그리스-유프라테스강의 문명)은 주로 수학이나 천문학에서 자연 현상을 체계적으로 이해하였고, 이집트와 메소포타미아 문명(바빌로니아)은 기원전 3000년에 과학이 시작되었는데, '역사의식'이 없는 가운데 쓰인 기록이기 때문에 기록자의 이름이 없는 '이름 없는 과학'이었다.

2절 | 고대 과학

1. 고대 수학

1) 고대 이집트의 수학

기원전 2000년 이집트인은 10진법을 사용하였는데, 그 이유는 손가락이 10개이기 때문이었을 것이다. 그러나 0을 위치에 따라 사용할 줄 몰라서 아라비아수인 10, 100, 1000 등에 대해서는 별개의 기호로 만들어 사용하였다. 또 분수도 사용하였으나, 단지 분자가 1인 분수만을 사용하였다. 예를 들면, 가장 오래된 수학책으로 알려진 『린드 파피루스(Rhind papyrus, BC 1660)』의 기록에서 보면 2/97를 1/56+1/679+1/776으로 표시하였다.

분수의 덧셈을 포함하는 일련의 셈법을 보여주는 이집트의 파피루스

또한 곱셈도 단지 배가법(倍加法)밖에 알지 못하여 7×5를 14(7의 2배), 32(14의 2배=7의 4배), 7의 4배인 28+7=35로 계산하였다. 즉 이집트의 계산은 가법중심(加法中心)이어서 크게 발달하지 못했다. 반면 도형의 학문인 기하는 상당히 발달하였는데, 이는 피라미드 건축과 해마다 있는 나일강의 홍수 때마다 토지 측량을 반복하는 동안 기하학은 발달하였다. 이 당시 원의 면적을 (지름의 $8/9)^2$으로 계산하여 오늘날의 $\pi=3.16$으로 계산하였다. 또, 피타고라스(Pythagoras)의 정리($C=\sqrt{a^2+b^2}$)는 몰랐으나 12단위 길이를 가진 줄을 3 : 4 : 5 단위씩 나눠 3각형을 만들면 직각 3각형을 얻을 수 있음을 알고 이 방법을 측량과 건축에 사용하였다. 피라미드의 외벽은 모두 똑같이 51° 50′의 경사를 유지하고 있는데, 지식이 일반적 정리(定理)로 표현되어 남아있지 않기 때문에 어떻게 외벽의 경사를 똑같이 유지할 수 있었는지 수수께끼로 남아 있다. 기하학의 발달은 이집트인으로부터 그리스인 탈레스와 피타고라스(기원전 6세기)를 거쳐 유클레이데스(기원전 4세기)가 집대성하였다.

삼각형의 면적과 피라미드의 경사를 측정하는 방법을 보여주고 있는 이집트의 파피루스

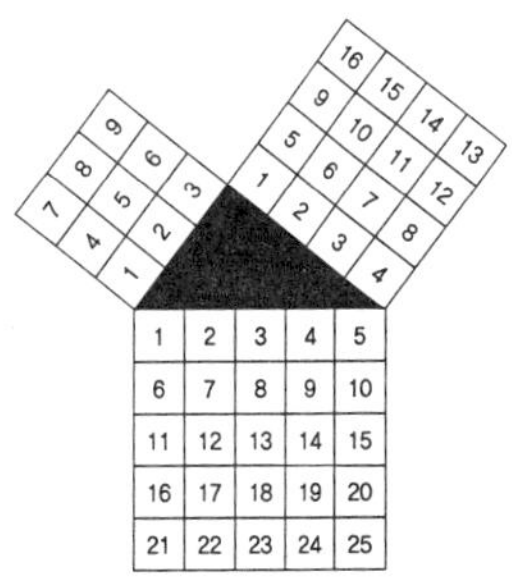

이집트인들은 이미 삼각형에서 피타고라스의 정리를 알고 있었다.

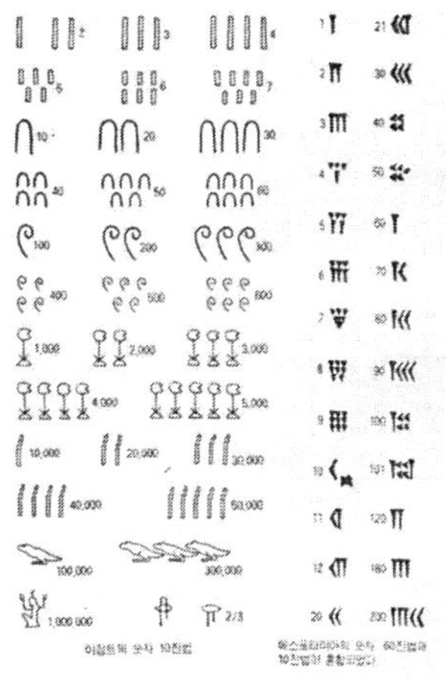

이집트의 숫자 10진법과 메소포타미아의 숫자 60진법

2) 고대 메소포타미아의 수학

기원전 4000년 메소포타미아의 바빌로니아인들은 기하보다는 대수 쪽이 더 발달하였다. 쐐기 모양의 문자로 쓰인 점토판 덕분에 바빌로니아인들의 수학적 수준이 알려졌다. 60진법을 수의 기본으로 사용하였는데, 오늘날 우리가 사용하는 60초를 1분, 60분을 1시간, 원주를 360°로 하는 것은 바빌로니아인의 60진법이 우리에게 남겨준 유물이라고 할 수 있다. 현대에서 우리는 10진법과 60진법 및 2진법을 사용하고 있는데, 2진법은 컴퓨터의 발명으로 사용하게 되었다.

2. 고대 천문학

달과 별의 운동 및 변함없이 반복되는 4계절은 원시인 농경 생활에 필요한 지식이었는데, 규칙적으로 변하는 천상(天象)으로 말미암아 시간과 공간의 개념을 확립하였던 것이다. 그러나 가끔 뜻밖에 일어나는 태풍이나 일식 현상 등은 공포와 두려움의 대상으로 불규칙한 천상(天象) 때문에 미래를 짐작해 보려는 점성술이 발달하였다.

이집트인들의 우주상은 우주란 하늘의 여신(nut)과 땅의 신(geb)이 상하에서 서로 마주잡고 있는 세계이다. 밤이면 태양은 죽어 땅속을 지나 다시 동쪽 하늘에서 재생한다. 이집트의 파라오(王)들은 태양신을 자처하였는데, 거창한 피라미드를 지어 생전에 쓰던 것들과 부리던 종까지 매장하는 풍습은 태양이 아침마다 재생하듯 태양신(파라오)도 재생한다는 믿음에서 이루어졌다. 메소포타미아 지방의 바빌로니아인들은 세상을 물속에 있는 종 모양이나 또는 사발을 엎어놓은 모양이라고 믿었다.

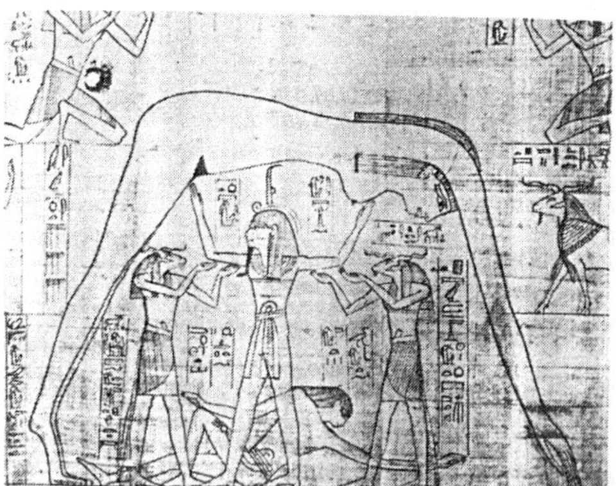

이집트의 우주상으로 하늘의 여신과 땅의 신이 상하에서 서로 마주잡고 있다.

1) 시간과 역(曆)

이집트인들은 나일강의 홍수를 더 정확히 예보하려는 노력과 함께 역법이 발달하였다. 즉, 1개월은 30일, 12개월은 1년인데, 성일(聖日)이라는 5일을 더하여 365일을 1년으로 삼아 태양력을 사용하였다. 반면에 메소포타미아의 바빌로니아인들은 달을 중심으로 하는 태음력을 사용하였는데, 달의 윤기는 29일 반이므로 29일과 30일을 한 달씩 섞어 12개월을 계속하면 354일이 된다. 이것은 정확한 1년보다 11일이 짧기 때문에 이 문제를 해결하기 위하여 윤월(潤月)을 고안하여 8년을 주기로 하여 그중 3년을 13개월(29일, 30일, 29일)로 만들었다. 오늘날 우리가 사용하는 현대의 7요일 방식도 바빌로니아 역법에서 유래되었다.

2) 점성술(占星術)

천문(天文)의 관측은 규칙적인 천체 운동을 관찰하여 보다 정확한 역(曆)을 만들려는 노력에서도 진행되었지만, 오히려 천상(天象)의 이변을 빨리 관찰하여 재앙을 피하려는 생각에 더 깊은 원인이 있었던 것 같다. 특히 바빌로니아인들의 점성술이 크게 발달되었는데, 나중에 서양사에 중요한 전통을 남겼다. 별은 곧 신이었고, 하늘을 지키는 세 별, 즉 해, 달, 금성은 땅의 신 Bel의 사자들이다. 목성은 바빌론의 시(市)신이고, 화성은 죽음의 신, 토성은 전쟁의 신, 수성은 지식의 신이었다.

천상(天象)이 땅위의 인간세계에서 일어나는 일을 지배한다는 천인사상(天人思想)은 고대 중국에도 크게 발달되었다. 중국에서는 천재이변에 더욱 큰 관심이 있었던데 반해 메소포타미아의 점성술은 정상적인 천체 운행에서도 중시하였다. 즉 행성의 움직임을 중시하여 사람의 출생과 함께 운명이 결정된다고 믿었다. 예를 들면, 달이 뜰 때 태어난 아이는 일생을 화려하고 행복하게 오래 살 수 있고, 화성이 뜰 때 태어난 아이는 사신(死神)의 영향을 받기 때문에 곧 병들어 죽게 되며, 목성이 떠오르고 금성이 질 때 태어난 아이는 나이가 들면서 다복하지만 아내를 버리게 되며, 금성이 떠오르고 목성이 질 때 태어난 아이는 공처가가 된다고 믿었다.

메소포타미아의 점성술 예언과 고대 중국의 점성술 예언은 비슷한 경우가 많은데, 때로는 별의 이름에도 공통되는 것이 있다. 이로 말미암아 고대 메소포타미아와 중국 사이에 문화의 교류가 있었다고 주장하는 학자도 있는데, 중국에서 서양으로 흘러갔다. 또는 바빌로니아로부터 동양으로 전파해 왔다고 주장하고 있지만 양쪽 모두 설득력이 약하다. 그러면 어떻게 독자적으로 발달한 생각들이 그렇게 비슷한 부분이 있을까? 이것은 '인간의 사고의 구조가 그 정도는 서로 비슷한 때문이 아닐까?' 라고 생각하고 있다.

3. 고대 의학

인간이 늙고 병들고 죽는다는 문제는 인류사에 있어 가장 큰 문제거리로서 고대인들은 병이 자연 현상으로 보다 초자연적인 힘에 의해 좌우된다고 믿었다. 이집트나 메소포타미아인들은 주술의학의 단계에서 벗어나지 못하면서도 병을 자연 현상으로 보려는 과학적 태도가 시작되었다.

이집트에서는 경험적, 합리적 요소가 강하여 외과가 발달하였다. 기원전 1700년 전에 작성된 에드윈 스미스 파피루스(Edwin Smith surgical papyrus)에는 주술적인 설명 없이 외상의 관찰과 치료 방법 등이 설명되어 있다. 48가지의 외상과 골절에 대한 설명은 머리에서 시작하여 온몸의 각 부분에 미치고 있다. 또 이집트의 기록에는 안과, 치과, 소화, 두골 등을 전문으로 다루는 의사가 있었고, 뇌의 기능을 어렴풋이 알고 있었으며, 맥을 짚어 보아 심장의 움직임을 알 수 있었다.

에드윈 스미스 파피루스

메소포타미아에서는 주술적, 종교적 요소가 강하여 내과가 발달하였는데, 이집트처럼 풍부한 기록을 남기지 않았다. 기원전 7세기의 점토판 기록에 따르면 일종의 의학 전문 교육이 있었던 것으로 판단된다. 『함무라비(Hammurabi) 법전』에는 외과의 치료에 관한 부분도 있는데, 의사가 수술을 하다가 실패하면 두 손을 절단하였다는 기록도 있다. 의사가 치료 중 범하는 실수에 대해 어떻게 처리할 것인가가 이미 이때부터 문제거리였음을 알 수 있다.

메소포타미아에서는 간점(肝占) 치료법이 성행하였는데, 양 또는 산양을 환자 곁에 데려갔다가 죽여 그 간을 꺼내 그 모양을 보고 병세를 진단하는 것이다. 또 점토로 만든 간의 모형에는 주문을 써두어서 그에 따라 주문을 외워 병을 치료하였다. 이러한 진단과 치료법은 생명이 깃들고 있는 곳은 간이라는 믿음 때문에 간을 중요시한 결과이다.

간점을 위해 바빌로니아인들이 만든 간 모형 점토

4. 고대 기술

인간이 도구를 만드는데 사용한 재료는 인류의 역사에 커다란 전환점을 이룩하였다. 선사(先史)시대를 석기, 청동기, 철기시대로 구분하는데, 청동의 발견은 대규모의 국가 형성과 때를 같이 하였다. 이집트나 메소포타미아에서도 금, 은, 구리와 함께 청동은 매우 중요한 역할을 한다. 이 지역 문명의 후기에는 철도 발견된다. 금속과 더불어 중요한 것은 유리가 기원전 1600년부터 널리 사용된 것이다.

또한 이집트의 피라미드처럼 건축도 꽤 발달하였는데, 기제(Gizeh) 지방에 있는 피라미드는 5000년 전에 건축되었음에도 불구하고 높이가 152 m이며 사용된 돌은 평균 2.5 t짜리 230만 개이다. 고대 이집트인들이 어떤 기구를 사용하여 그 무거운 돌들을 높은 곳에 올려가 피라미드를 쌓았는지 현재로서는 전혀 알 길이 없다.

메소포타미아에는 지구라트(ziggurat)라는 신단(神壇)과 천문 관측대를 겸한 건축물이 있었다는 기록이 있는데, 이것은 벽돌을 쌓아서 만들었고 계단도 만들었다고 한다. 그러나 오늘날에는 한 개도 남아 있지 않아 그 이상은 알 길이 없다. 아마도 성경에 나오는 바벨탑과 서로 연관 있는 것이 아닐까라는 추측을 하고 있을 뿐이다.

이집트의 피라미드속의 미라를 보면 의학 기술도 잘 발달하였음을 알 수 있는데, 시체에서 내장과 골수를 빼내어 2개월가량 소금물에 담궜다가 여러 가지 처리를 한 것으로 보이는데 그 과정이 극히 세련되어 있었던 것으로 판단된다.

이집트 기자의 피라미드

메소포타미아의 지구라트

3절 | 고대 과학의 특징

엄밀한 의미에서 이집트와 메소포타미아의 고대 과학은 오늘날의 과학과는 거리가 멀다. 자연 그것의 이해에 목표를 두었다기보다는 종교적인 것 또는 일상 생활에 필요한 것 때문에 점차로 얻어진 지혜라는 점에서 오늘날의 과학과는 그 목적이 다르다. 즉, 고대 과학은 경험의 종합일 뿐 그 경험들 사이에 내재하고 있는 어떤 법칙성(法則性) 같은 것에는 거의 관심을 갖지 않았다. 그러나 바빌로니아의 수학과 천문학은 초보적인 이론화 과정에 입문하여 종교적이고 주술적인 원시 상태에서 인간이 벗어나기 시작했다는 점에서 이집트와 메소포타미아의 자연관은 서양 과학사에 첫발을 내디딘 것으로 인정하고 있다. 그러나 과학자의 이름이 기록에 남아 있지 않으므로 고대 과학은 과학자 없는 과학 또는 이름 없는 과학사의 단계에 불과하였다. 학자의 이름이 역사에 남는, 지식을 위한 지식으로서의 서양 과학은 그리스에서 시작되었다.

제3장 | 그리스의 과학

그리스 과학은 신학과 과학의 중간 단계에 있다. 그리스 이전의 과학이 종교적 또는 초자연적이었다면 그리스 과학은 철학적이었다. 그래서 그리스 철학의 중요 부분을 이루었던 과학을 자연철학이라고 부른다. 바빌로니아, 이집트의 고대 과학을 흡수하여 일어난 그리스 과학은 합리적이고 세속적이다. 그러나 오늘날의 실증적 과학과는 성격이 다르다.

1절 | 그리스 자연철학의 배경

그리스에서 자연철학이 발달하게 된 배경에는 크게 3가지가 있다. 첫 번째는 역사적 이유로 그리스인들이 지중해를 지배하게 된 것이고, 두 번째는 문화적 이유로 새로운 문자를 사용하게 된 것이며, 세 번째로는 사회, 정치적 이유로 민주적이었다는 것이다.

1) 지중해 지배

중앙아시아의 그리스인이 에게해를 비롯한 지중해의 지배자가 된 이유로는 철기 도구를 사용하여 소아시아와 그리스 남쪽 지방 섬을 정복하였고, 농경민의 보수적인 태도에 비해 항해민의 진취적인 기상이 있었기 때문이다.

즉, 이집트와 메소포타미아의 강의 문명에서부터 그리스의 바다의 문명으로 전환되었는데, 이것은 역사적으로 큰 의미를 갖는다. 인류 역사상 신세계에 먼저 효과적으로 진출하는 민족이 보다 큰 발전을 이룩함을 볼 수 있기 때문이다.

2) 새로운 문자의 발달

그리스인들은 기원전 1000년 전쯤에 페니키아(Phoenicia) 민족으로부터 알파벳을 얻어 쓰기 시작하여 새로운 문자인 알파벳을 발달시켰다. 표음 문자인 알파벳이 발달함에 따라 의사의 정확한 전달을 간편하게 할 수 있었으며, 많은 사람이 쉽게 문자를 익힐 수 있도록 해주었다.

3) 민주적이었다

지식을 독점하던 사제 계급 대신 지식이 널리 퍼져 지식을 전문으로 하여 지식을 위한 지식을 추구하는 지식층이 형성되어 학자들이 생기게 되었다. 이들 학자들은 당시의 민주적인 사회 분위기에 따라 서로 열띤 토론을 통해 지식을 확장하여 갔다. 그리스 과학은 이들 '지식을 사랑하는 사람들(Philop－Sopher)' 에 의해 시작되어 발전되어 갔다.

2절 | 그리스의 과학

1. 물리학(물질의 문제)

그리스 과학과 철학은 탈레스에서 시작되었다고 할 수 있는데, 그는 이집트와 메소포타미아를 여행하며 기하학과 천문학을 습득하였고, 일식을 예보한 최초의 그리스인이며 기하학을 이집트에서 그리스로 수입해 온

학자이다. '하늘의 별을 관측하며 걷다가 웅덩이에 빠져 웃음거리가 되었다' 는 기록이 있는데 탈레스는 눈앞의 유용한 지식(웅덩이)이 아니라 전혀 현실 생활에 도움이 되지 않는 지식(하늘)에 눈을 돌렸다. 즉 지식을 위한 지식, 학문으로서의 자연철학이 비로소 시작되었다는 역사적 진실을 알 수 있다.

탈레스가 세운 그리스 자연철학의 전통은 자연에서 일어나는 모든 생성 변화를 인간의 이성(異性)으로 생각하여 설명할 수 있다는 태도이다. 탈레스는 오늘날 과학과 철학의 시조로 알려져 있다.

1) 원소설(元素說)

① 탈레스(Thales, BC 624~645) : 자연 현상의 온갖 변화에도 불구하고 그것들을 만들어 주는 근본적인 물질이 있는데, 이를 물(水)이라고 주장하였다. 탈레스에 의해 시작된 현상의 바탕이 되는 근본 물질(arche)에 대한 관심은 그 후 제자들에 의해 계승되었다.

② 아낙시만더(Anaximander, BC 610~545) : 스승인 탈레스의 주장에 반대하여 근본 물질은 물이 아니라 그보다 더 근원적인 것이어야 한다고 주장하였다. 물, 불, 공기 등 어느 것이 아닌, 그것이 되기 이전의 어떤 비확정적 상태의 것만이 현상 체제를 만드는 근본이 될 수 있다고 생각하고 이것을 아페이론(apeiron)이라고 불렀다. 그는 '이 근본 요소가 진화적 변화를 일으켜 이 세상의 모든 물질을 만든다' 라고 주장하였다.

③ 아낙시메네스(Anaximenes, BC 585~525) : 아낙시만더의 제자인 그는 기본 요소는 공기(氣)라고 주장하였다. 인간의 정신도 공기, 불은 공기가 희박해져서 생긴 것, 물은 공기가 응축해서 생긴 것, 돌은 극도로 응축된 공기라고 하였다. 이 이론의 장점은 모든 현상을 공기의 응축의 정도의 차이에서 온다는 일관된 설명을 할 수 있다는 점이다.

2) 4원소설(四元素說)

① 헤라클리투스(Heraclitus, BC 550~475) : 탈레스 학파가 아닌 그는 만물의 근원은 불(火)이라고 주장하였다. 불을 만물의 바탕으로 보는 생각 뒤에는 이 세상은 변화 투성이라는 생각이 깔려있다.

② 제노파네스(Xenophanes, BC 560~478) : 만물의 근원은 흙(土)과 물(水)이라고 주장하였다. 이처럼 점차로 일원론(一元論)에서 다원론(多元論)으로 발전되면서 나온 것이 바로 엠페도클레스(Empedocle)의 4원소설(四元素說)이다.

③ 엠페도클레스(Empedocles, BC 500~430) : 4원소설이란 흙, 물, 공기, 불의 네 가지 원소가 서로 비율이 다르게 섞여서 온갖 것들이 만들어진다는 주장인데, 이 생각은 보다 합리적으로 자연을 설명해 주면서 간결하여서 곧 널리 인정되어 그리스 이후 중세 19세기까지 사람들이 믿었던 학설이다. 그러면 왜 이 4가지 원소는 서로 모였다, 흩어졌다 하여 모든 변화를 가능케 해 줄까? 엠페도클레스는 자연에 '사랑(philia)'과 '미움(neikos)'이라는 힘이 내재하고 있다고 믿었는데, '사랑'은 원소를 결합시키고 '미움'은 원소를 흩어지게 한다고 하였다. 그러나 이 '사랑'과 '미움'은 순전히 우연 속에 작용한다고 믿었다. 이 '사랑'과 '미움'의 사상은 동양의 음양 사상과 비슷하다. 즉, 2가지의 서로 대립되는 힘이 자연의 모든 변화를 일으킨다는 사상이기 때문이다.

3) 원자설(原子說)

루키포스(Leucippos, BC, 480~?)와 그의 제자 데모크리토스(Democritos, BC, 470~400)는 만물의 근원을 원소보다 더 근본적인 단계로 끌어내렸다. 그들은 이 세상 모든 것은 크기와 모양이 서로 다른 '더 이상 나눌 수 없는 알맹이(atom)'로서 이루어진 것이라고 생각하였다.

그러면 이런 원자는 어떻게 서로 만나고 헤어져 만물을 형성하는가? 데

모크리토스에 의하면 이 세상은 원자와 그것이 움직일 수 있는 공간 즉, 진공(void)만으로 되어 있는데, 원자가 진공 속에서 움직이는 데에는 사랑과 미움 따위의 힘은 필요 없으며, 원자는 처음부터 어떤 움직임을 받고 생겨났고 그것은 미리 정해진 운명의 길을 영원히 움직이게 된다고 하였다. 이러한 그리스의 원자설은 유물론, 기계론적이고 결정론적인 세계관을 후세에 전달하였다.

4) 원기설(元氣說)

데모크리토스의 원자설은 플라톤(Platon)과 아리스토텔레스(Aristoteles)에 의해 부인되었다. 이들은 이 세상이 물질적인 어떤 것으로 꽉 채워져 있다고 주장하였다. 즉, 이 우주에는 프노이마(pneuma)라는 것으로 충만되어있고 이것은 인체나 돌 속에도 들어있다. 프노이마는 4원소나 일상적인 어떤 물질보다 더 근본적인 뜻에서 '물질적인 것' 또는 '원초적 물질' 이라고 할 수 있고 이것은 동양 사상의 '기(氣)' 의 관념과 비슷한 것이다. 프노이마는 '공기', '호흡', '정신' 과 같은 뜻을 갖고 있기도 하다. 우주를 프노이마가 담겨진 유기체로 보는 이 생각이 그리스 이래의 지배적인 물질관이었다. 그후 근대 과학의 발달과 함께 중세까지 지배적이던 원기설이 쇠퇴하고 다시 원자설이 부활하여 오늘에 이르고 있다. 그러나 물질과 에너지가 바뀌고 있는 소립자의 세계를 볼 때 우리는 오늘날 과연 어느 쪽이 더 정확히 물질의 본질을 설명하고 있는지 알 수가 없다.

2. 수와 기하학

1) 피타고라스(Pythagoras, BC 582~500)

피타고라스는 만물을 구성하는 요소는 수라고 주장하였는데, 다른 자연철학자들이 질적인 요소를 바탕으로 본 데 반하여 그는 양적인 것으로 보았다. 그는 서양 사상 처음으로 학문을 위한 단체를 만들어낸 사람이었으나 다분히 종교적인 모임의 성격이 짙었다. 기하학, 음악, 천문학을 가

피타고라스의 정리 아랍어판

르치며 연구하였으나, 일종의 '해탈'의 길로서 학문을 가르쳤다. 따라서 피타고라스 학파에게는 지켜야 할 계율이 많았다. 예를 들면, 콩을 먹으면 안 된다, 흰빛 수탉을 만지지 말라는 등이었다. 이와 같이 가장 신비적인 터부 사상과 가장 합리적인 기하학이 같은 학파에 의해 발전하고 있었는데, 이는 당시의 사상적 풍토를 잘 보여주고 있는 것이다. 2는 여성을, 3은 남성을 상징하며 따라서 2와 3을 합한 5는 결혼을 뜻한다는 식의 수의 사상도 피타고라스의 것이었다. 그러나 이러한 불합리한 것이 많이 있었다하더라도 피타고라스가 수학사에 길이 남는 이유는 그 유명한 '피타고라스 정리'인 $a^2+b^2=c^2$을 처음으로 보편적 정리(定理)로 표현하였기 때문이다. 그런데 피타고라스의 정리의 발견은 무리수의 발견을 초래하여 결과적으로 피타고라스 학파를 소멸시키게 되었다. 즉, '만물의 근본은 수'라는 사상은 유리수의 세계만을 생각하고 가능했던 것인데 무리수의 발견은 수가 '원자적'이 아님을 증명한 셈이 되었기 때문이다. 그러나 피타고라스 학파의 지적(知的) 전통은 그 후 서양사에 깊은 영향을 주었다. 감각을 통한 관찰보다는 직관적 사고를 더 중시하려는 경향은 플라톤에 의해 계승되었는데, 플라톤은 인간의 오관으로 느낄 수 있는 현상보다는 그 뒤에 숨어 있는 영원한 이데아(idea)의 세계를 추구하였다. 이 생각은 칸트(Kant)를 거쳐 오늘까지 계승되고 있다.

2) 플라톤(Platon, BC 427~347)

플라톤은 수학적인 관점에서 피타고라스를 가장 잘 계승한 학자이다. 수학없이는 진정한 지식은 있을 수 없다는 피타고라스의 믿음을 그대로 계승하여 아테네 교외에 세운 아카데미라는 학원에는 그 출입구에 '기하학을 모르는 자는 들어오지 말 것'이란 말이 적혀있다. 플라톤의 자연관이 잘 나타나는 그의 대화편 『티마이오스(Timaious)』에 의하면 세계란 바로 기하학적 모형의 표현이다. 우주는 신의 유일한 창조물이며, 따라서 가장 완전하고 아름답게 만들어져 있다. "가장 완전하고 아름다운 모양은 구형이므로 우주는 구형을 이루고 있다."라고 하였다. 왜냐하면 구형만이 어느 방향에서 보아도 같은 모양이기 때문이다. 또 이러한 구형체를 움직일 경우에는 원 운동을 해야 한다. 이 또한 원 운동만이 영원히 반복할 수 있는 완전한 운동이기 때문이다. 즉, 플라톤의 세계관이나 우주관은 구형과 원 운동만으로 설명되는 기하학적 세계이다.

3) 유클리드(Eucleid, BC 330~260)

유클리드는 플라톤의 제자로서, 기하학 지식을 집대성하여 『기하학원본』 13권에 정리하였다. 후세에 깊은 영향을 남긴 알렉산더대왕의 대제국은 그리스 문화를 지중해 일대에 널리 전파하여 역사가들은 이후의 시기를 헬레니즘시대라 부른다. 유클리드는 헬레니즘 문화의 중심지인 알렉산드리아 박물관의 수학 교수였는데, 대학과 도서관과 연구소를 겸한 이 박물관은 그 후 그리스 과학의 전통을 계승 발전시켜 중세까지도 문화의 중심지가 되었다. 유클리드 기하학은 정의(definition), 공준(postulate), 공리(axiom)를 바탕으로 하고 시작한다.

① **정의(定義)** : 의미를 부여하는 것이며 규정이다. 23항목이 있다.
예) 점이란 부분이 없는 것이다. 선에는 길이가 있어도 폭은 없다. 선의 끝은 점이다.

② **공준(公準)** : 자명하지도 않고 증명도 할 수 없으나 기하학을 조립하는데 진실임이 요구된다. 5개 있다.
예) 임의의 점에서 임의의 점으로 직선을 그을 수 있다. 유한한 직선은 똑바로 연장할 수 있다.

③ **공리(公理)** : 증명할 필요 없이 인정할 수 있는 일반 개념으로 5개 있다.
예) 전체는 부분보다 크다. 서로 같은 것에 서로 같은 것을 더하면 그 전체도 서로 같다.

4개의 서로 다른 정리를 기록한 유클리드기하학의 한 페이지

이를 바탕으로 더 복잡한 지식을 논리적으로 이끌어 내는 연추적 사고가 바로 유클리드기하학의 방법이다. 유클리드의 업적은 피타고라스의 정리를 증명한 것이었는데, 피타고라스 자신은 그것을 수학적으로 다루었지만 증명은 하지 못했다. 그러나 유클리드기하학은 근대 과학이 발달하기까지에는 거의 실용성을 나타내지 못하였다.

4) 아르키메데스(Archimedes, BC 287~212)

순수 학문의 경향으로만 치달리던 수학 특히 기하학을 실용적인 측면에서 응용한 헬레니즘시대 최고의 과학자이다. 그는 지레의 원리, 도르래, 나사 등을 과학적으로 이해하였으며, 부력의 원리도 발견하였다. 또한 기하학적인 방법으로 π의 값(π=3.1407~3.1429)을 구하였다.

3. 천문학

그리스인들이 발전시킨 우주관의 기본 요소는 원과 구형에 대한 믿음이었다. 그리스인들은 기하학적으로 가장 완전한 원이나 구(球)야 말로 완전한 조화와 질서를 상징하는 우주의 모습이라고 믿었고 이 믿음은 중세까지 이어졌다.

1) 태양중심설의 발견

피타고라스 학파는 세계는 유라노스(uranos), 코스모스(cosmos), 올림포스(olympos) 3부분으로 되어 있다고 하였다. 유라노스(uranos)는 지상에서 달까지의 공간이며 제일 불완전하고 변화가 많은 부분 즉, 변화의 세계라고 하였다. 코스모스(cosmos)는 별들의 세계로서 질서와 조화의 완전한 세계이며, 올림포스(olympos)는 신의 세계라고 하였다. 인간은 신의 세계를 제외한 유라노스(uranos)와 코스모스(cosmos)만을 관찰하고 알 수 있다.

필로라우스(Philolaus, BC 480~?)는 우주는 구형으로 되어 있으며 그

중심에는 '중심불(中心火)'이 있다고 했다. 우주 바깥쪽은 하늘이 둘러싸고 있으며, 하늘과 중심불 사이에는 10종류의 신성 물체가 운행하고 있다. 중심불에 가장 가까운 곳에는 그 불을 사이에 두고 지구와 대(對)지구가 있어서 이 두 천체는 24시간 주기로 중심불 주위를 돈다고 하여 지구구체설(球體說), 중심불중심설을 주장하였는데, 이는 태양중심설의 원형이라고 할 수 있다. 대(對)지구는 가공의 천체인데, 이를 둔 근거는 우주는 항성구(북극성), 태양, 달, 지구, 5개 행성(화성, 수성, 목성, 금성, 토성)을 더하여 모두 9개가 되는데, 9는 불완전한 수 10에 하나가 부족하므로 대(對)지구라는 가공의 천체를 두어 10개가 되면 우주는 완전하게 된다는 논리에서 나왔다. 태양중심설은 기원전 3세기 아리스타커스(Aristarchus)가 제창하였는데, 그는 "항성은 태양과 더불어 움직이지 않지만 지구는 태양을 궤도의 중심으로 하여 원을 그리며 회전한다."라고 하였다.

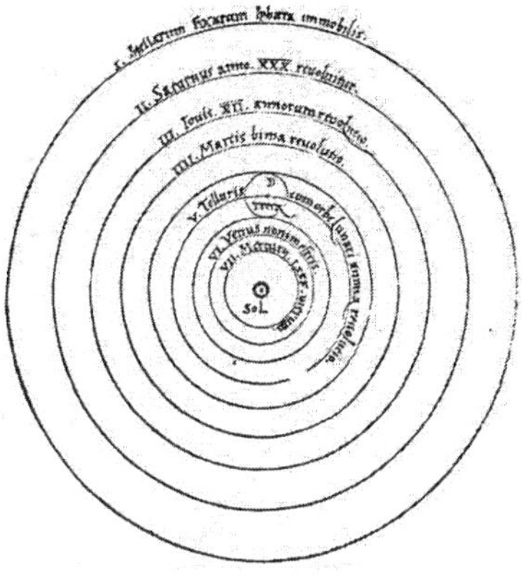

태양중심설 : 우주의 중심에 태양이 있다.

2) 지구중심설의 발견

플라톤의 제자이며 알렉산더대왕의 선생인 아리스토텔레스는 논리학, 철학, 정치학, 윤리학, 물리학, 천문학, 동물학에 방대한 저술을 하였다. 스승인 플라톤, 소크라테스가 보다 적극적인 사회 개혁에 뜻을 두었다면, 그는 상아탑 속의 학자라고 할 만큼 실생활로부터 한 걸음 높이 올라간 자세에서 모든 학문을 연구하였다. 기원전 335~323년에 아테네에 리케이온(lyceum)이란 자기 학원을 만들어 연구도 하고 제자도 가르쳤다.

아리스토텔레스는 세계를 '완전한 하늘'과 '불완전한 땅'으로 양분하여, 하늘의 세계는 변화가 없고 모든 천체는 완전한 원 운동을 하고, 땅의 세계는 변화의 세계이며 땅위 운동은 시작과 끝이 있는 직선 운동을 한다고 하였다. 그리고 이 두 세계를 구분 짓는 것이 달이라고 하였는데, 달 표면이 완전 투명하지 못한 상처 같은 것을 보여주는 것이 불완전한 세계와 완전한 세계의 경계에 있기 때문이라고 하였다. 지구를 중심에 두고 55개

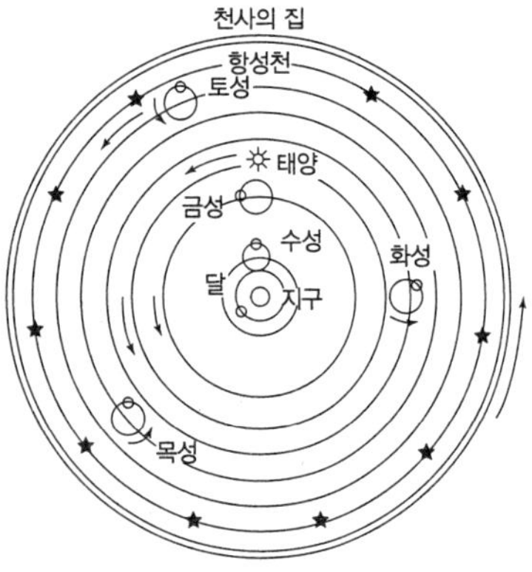

지구중심설 : 우주의 중심에 지구가 있다.

의 천구(天球)가 겹겹이 싸여 있고 그 천구에 수성, 금성, 태양, 화성, 항성들도 붙어 지구 둘레를 돈다는 것이다. 천체는 우리 눈에 보이지만 그 천체들이 달려 있는 천구는 유리 또는 투명한 물질로 되어 있어 눈으로 볼 수 없다. 이 천구들은 빛의 통과는 허락하지만 물체의 통과는 허락하지 않는다. 우주의 제일 밖에는 모든 천구들의 움직임을 하루 한 번씩 제자리에 돌려주는 우주 운동의 주재자인 종동천(宗動天, primum mobile)이 있다. 이 종동천은 스스로 움직이지 않고 다른 것을 움직여주는 어떤 절대자(God)인 것이다.

그러면 완전한 하늘을 만들고 있다는 수정과 같은 물질이란 무엇인가? 하늘을 만들고 있는 물질은 땅위에 있는 4원소와는 전혀 다른 제5의 원소가 있다. 이 제5원소는 투명하고 무게가 전혀 없는 완전한 물질이다. 반대로 땅위의 물질은 탁하고 무게가 있는 것들이다.

4원소설을 받아들였지만 여기에 계급성을 부여하여 4원소 중 가장 완전한 원소는 불이기에 불은 가장 높은 곳, 즉 하늘을 향해 솟아오르려 한다. 그 다음 공기, 물, 흙의 차례가 되는데 이는 가벼운 것이 더 고귀한 원소가 되는 셈이다.

하늘의 제5원소가 완전한 원 운동만을 반복하는 것과는 달리 땅위의 운동은 시작과 끝이 있는 직선 운동, 특히 지구 중심을 향한 직선 운동만이 자연적으로 일어난다고 믿었다. 이런 운동을 자연 운동이라고 하고 이 자연 운동이 아닌 모든 지상 운동은 강제 운동이다. 강제 운동에는 동물의 운동과 물체 운동이 있는데, 동물 운동에는 정신이 육체를 계속 밀어주어 운동이 가능하고, 물체 운동에는 물체를 계속 움직여주는 힘이 필요하다. 이러한 생각은 서로 접촉하지 않고는 힘이 전달되지 않는다는 접촉물리학(contact physics)의 시초이다.

아리스토텔레스의 운동이론이나 천문학은 모두 절대적 권위를 가지고 중세의 사상계를 군림하였는데, 근대 과학의 시작은 아리스토텔레스의 권위에 도전함으로써 비롯된다고 말할 수 있다.

3) 지동설(地動說)의 발견

아리스토텔레스가 받아들인 지구 중심의 천동설(天動說)은 그리스의 대표적인 우주관이었다.

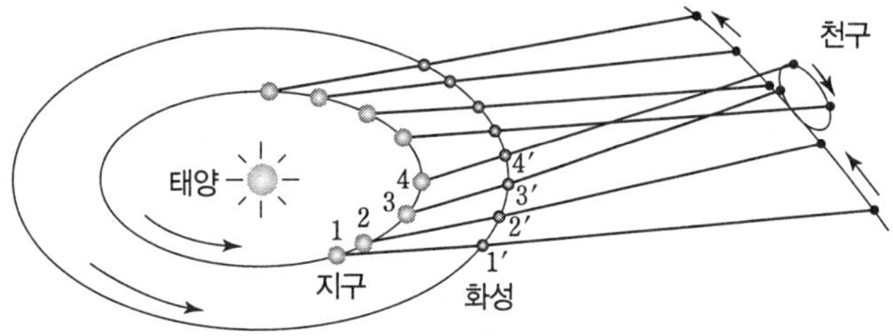

지동설

그러나 학자들 중에는 더러 지동설을 믿는 학자도 있었다. 헤라클리데스(Heraclides, BC 388~315)는 지구는 둥글며 우주의 중심에 있지만 정지해 있지 않고 하루 한 번씩 자전을 하여 낮과 밤이 생긴다라고 주장하고, 지구를 중심으로 도는 것은 달과 태양이고 다른 혹성들은 태양 둘레를 돈다고 하였다.

아리스타커스(Aristarchus, BC 310~230)는 지구는 하루에 한 번씩 자전을 하여 낮과 밤을 만들면서 동시에 태양을 중심으로 하여 그 둘레에 원을 그리며 돌아 1년이 된다는 지구자전, 공전설을 주장하였다. 즉, 태양이 우주의 중심을 차지하고 지구와 다른 혹성들은 원 궤도를 따라 돈다고 하였는데, 이것은 1800년후 코페르니쿠스(Copernicus)가 1503년 태양 중심설인 지동설을 발표함으로써 비로소 인정되었다. 그러나 그 당시의 아리스타커스의 지동설은 증거가 없었기 때문에 하늘(cosmos)의 완전성을 무시하고, 따라서 조물주의 신성함을 모독하는 것으로 받아들여져서 인정되지 않았다.

그리스 천문학은 그리스시대에서 로마시대로 바뀌면서 집대성되어 절정을 이루었다. 그 중 히파르커스(Hipparchus, BC 190~120)는 관측천문학자로서 1,080여 개의 별을 관측(맨눈으로 볼 수 있는 별은 약 1,500개)하여 별들을 그 밝기에 따라 6등급으로 분류하였는데, 이 등급 분류는 오늘날까지 이용하고 있다.

프톨레마이오스(Ptolemaios, 100~170)는 이론천문학자로서 『알마게스트(Almagest)』라는 책을 저술하여 여기에 혹성들이 보여주는 복잡한 운동을 우주 모델화하였다.

4. 생물학

1) 아낙시만더(Anaximander, BC 610~545)

아낙시만더는 생명은 습기를 가진 원소가 태양열로 증발되는 속에서 생긴다고 하여 생명이란 자연 속에서 일정한 조건만 맞으면 저절로 생겨난다는 생물자연발생설을 주장하였다.

2) 아리스토텔레스(Aristoteles, BC 384~322)

아리스토텔레스는 '동물학의 아버지' 라고 불릴 만큼 동물의 분류에 큰 업적을 남겼다. 그는 '생명체에서 일어나고 있는 모든 현상 즉, 사고, 생식, 성장은 무생물에서 일어나는 현상과는 전혀 다르다' 라는 생기론(生氣論, vitalism)자이다. 생명이란 오묘한 현상은 무생물의 세계와 어떻게 다른가? 생물은 그 본질인 '애니마(anima)' 가 있어서 무생물과 다르다. 애니마는 영어로는 psyche, 또는 soul(혼)로 번역되는데, 애니마의 뜻은 숨쉬는 현상에서 생긴 말로서 '숨쉼' 을 뜻하였다. 아리스토텔레스는 생명체에는 3가지 서로 다른 혼이 혼재한다고 주장하였다. 식물혼(vegetative soul)은 식물에서 볼 수 있듯이 생식과 성장만을 가능케 해 주는 가장 낮은 단계의 혼이고, 동물혼(animal soul) 또는 감각혼(sensitive soul)은 생식, 성장 외에 운동하는 능력을 더 갖추고 있는 것인데, 그 운동은 동물이 감각을 갖고 있어 무엇을 느낄 수 있기 때문에 가능하다. 이성혼(rational soul)은 인간은 식물이나 동물보다 뛰어난 생각을 할 수 있는 능력인 이성을 갖고 있다고 하였다.

아리스토텔레스는 동물을 유혈류와 무혈류로 분류하였다. 유혈류에는 새끼 낳는 태생(胎生, 예 : 사람, 고래류, 四足류)과 알을 낳는 난생(卵生, 예 : 새, 뱀, 물고기)로 분류하였고, 무혈류에는 두족류(오징어, 문어), 갑각류, 곤충, 연체류, 강장류, 해면 등으로 나누었다. 또 50여 종의 동물을 해부하였는데, 동물의 부분 하나를 보더라도 항상 그 목적이 무엇일까 하는 관점에서 관찰하였는데, 이러한 그의 목적론적 태도는 그의 동물학 체계와 함께 19세기까지 계승되었다.

3) 티오프라스토스(Theophrastus, BC 372~287)

티오프라스토스는 식물학의 아버지라 불리는데, 그는『식물의 자연사』를 저술하여 오늘날처럼 식물을 쌍떡잎 식물과 외떡잎 식물로 분류하였다.

5. 의학

고대 그리스에는 아스클레피오스(Asklepious)라는 건강과 질병을 관할하는 신이 있는데 아마 처음에는 실제 의사였던 것이 점차 신의 자리로 높여진 것일 것이다. 아스클레피오스 신전을 지어놓고 병든 사람은 거기서 치료도 받고 기도도 하였다. 이 신전은 주로 온천 곁에 지어서 거기서 음식 조절, 목욕, 심리 요법, 약물 치료 등을 하고 또는 닭, 돼지, 양, 염소 같은 동물을 바치며 기도하였다. 이 신에게는 뱀이 신성한 것으로 여겨졌고 신전에는 뱀이 칭칭 감고 있는 지팡이를 든 아스클레피오스의 상이 모셔져 있다. 그래서 지팡이와 뱀은 오늘날까지 의사의 상징으로 남아 있는 것이다.

코스섬에 있는 아스클레피오스 신전

1) 히포크라테스(Hippocratas, BC 460~377)

히포크라테스는 오늘날 의학의 아버지로 알려져 있는데, 직업적인 의사를 훈련시키는 교육자이다. 그는 의학을 신의 손에서 빼어내어 의사에게 넘겨준 첫 의사라고 말할 수 있다. 그는 신전의학이 주술성을 그 바탕으로 하고 있었던 데 반하여 실증적인 의학을 시작하였는데, 미신에 쌓였던 의술을 보다 합리적인 차원으로 끌어 올렸다.

히포크라테스는 4체액설을 주장하였는데, 4원소 '흙(土), 물(水), 공기(氣), 불(火)' 이 물질세계를 만들 듯 인체는 4가지 액체(혈액, 점액, 황색 담즙, 흑색 담즙)로 되어 있어 이들이 서로 조화를 이룰 때에만 건강할 수

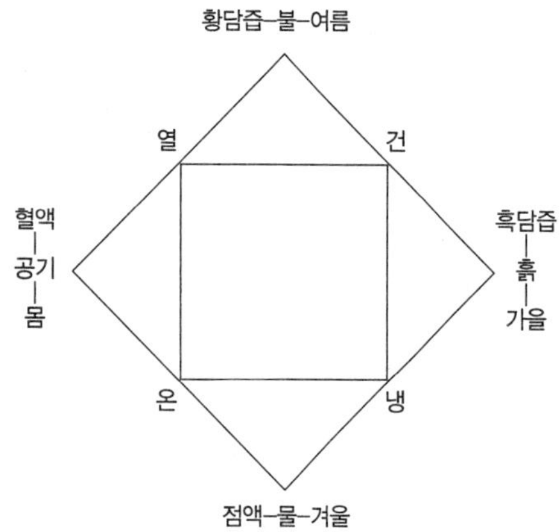

히포크라테스의 4체액설

있고 이들의 균형이 깨어진 것을 병이라고 했는데 이 불균형을 회복하는 것은 '자연'이라고 했다. 즉, 의료란 자연 치유력을 돕는 것이다. 4체액설은 그 후 더욱 발전하여 생리학의 기초 학설이 된다. 그러면 병을 낫기 위하여 어떻게 자연 치유력을 돕느냐? 처음에는 약으로 치료하고, 약으로 낫지 않을 때는 메스로 치료하고, 메스로 낫지 않을 때는 불로 치료하고, 불로 낫지 않는 것은 낫지 않는다고 하였다. 그는 70여 편의 논문을 남겼는데 그 필치나 내용상으로 보아 여러 사람의 글이 확실하다. 같은 시대에 같은 이름의 의사가 6명이나 있었다고 하는데, 그 중에서 중심 인물이 오늘날 우리가 알고 있는 히포크라테스인데, 그는 코스섬 출신이어서 '코스의 히포크라테스'라고 불린다.

히포크라테스는 질병뿐만 아니라 환자도 연구해야 한다고 주장하여 정확한 진단을 하려면 환자에 관한 가능한 모든 것, 즉 매일 하는 일, 직업, 가족 배경, 생활 환경(물, 공기, 장소) 등을 알아야 한다고 하여 의학기후학(Medical Climatology)의 창시자이기도 하다. 히포크라테스의 최대 업적은 병의 경과를 예측하게 할 수 있는 훌륭한 임상 기록인 것으로 평가된다. 그는 병의 증상, 즉 환자의 눈, 피부 모양, 체온, 식욕, 배설물 등을 기록한 차트를 만들었다. 히포크라테스 선서는 히포크라테스가 쓴 것이 아니라 훨씬 뒤에 만들어졌다. 히포크라테스의 획기적인 노력으로 기원전 4세기에 그리스에는 과학적 의학이 자리 잡게 된다.

2) 헤로필로스(Herophilus, BC 335~280)

헤로필로스는 인체를 처음 해부하여 '해부학의 아버지'라고 불린다. 사람의 몸속에 4가지 기본 과정을 구별하여 간을 중심으로 하는 영양, 심장을 중심으로 한 온도 유지, 신경을 이용한 지각(知覺), 머리를 사용한 사고 작용 등으로 구별하였다.

3) 갈렌(Galen=갈레노스 Galenos, 129~199)

갈렌(갈레노스)은 그리스 사람은 아니지만 당시 아직 그리스 문화를 계승하고 있던 알렉산드리아에 가서 의학을 배웠고 그의 의학은 그리스의 의학을 계승 발전시킨 것이다.

그는 인체 해부는 하지 않았지만 원숭이 해부를 통해 상세한 해부학적 체계를 세웠다. 인체에 생명력을 주는 피는 동맥이나 정맥 속에 바닷물이 밀물, 썰물을 일으키듯이 흘러 다닌다고 생각하였고 피가 인체를 순환한다는 생각은 하지 못하였다. 창자에서 흡수된 영양분은 간에서 피로 변하여 심장으로 보내진다. 폐에서 받아들이는 공기는 생명의 입김을 공급하는 원천이며, 심장에서 피는 '생명의 입김' 을 받아들여 비로소 생명의 샘이 되는 것이다.

이후 17세기에 하비(Harvey)가 혈액의 순환 원리를 발견(피가 동맥에서 정맥으로 흐른다.)하였고 말피기(Malpighi)가 모세혈관을 발견하고 콩팥에서 말피기소체를 발견하였다.

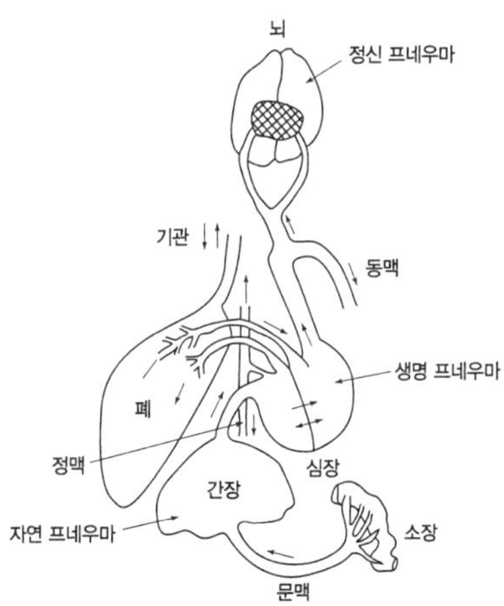

갈레노스의 생리학 체계

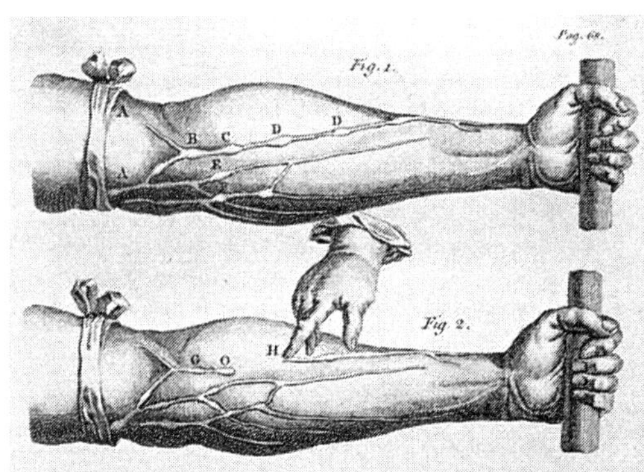

하비의 혈액 순환도

3절 | 그리스 자연관의 특징

그리스 자연관의 특징은 한마디로 합리적 사고방식을 바탕으로 한 세속적인 학문이다. 탈레스는 지식을 위한 지식(Science for its own sake)을 추구하였고, 플라톤은 눈앞에 보이는 현상보다는 그 뒤에 영원히 변하지 않는 이데아(idea)의 세계를 추구하는 이데아설을 주장하여 관념론을 중시하였다. 또한 그는 우주를 기하학적으로 생각하여 16세기 과학 혁명의 원동력이 된 사고방식이 되었다. 아리스토텔레스는 자연 현상 그것을 실제 존재하는 것으로 중요시하고 그것을 과학의 대상으로 본 경험론을 중시하였다.

즉, 플라톤의 이데아설을 반대하고 자연 현상에 대해 기본적으로 경험적 태도를 취하였는데, 그의 사상과 철학은 신성불가침으로 2000여 년 동안 중세 유럽을 지배하여 결과적으로 중세에 과학의 암흑시대를 초래하게 되었다.

제4장 로마에서 중세까지의 과학

로마시대의 과학은 한마디로 실용 과학이었다. 로마인들의 특징은 사상가나 이론가가 아닌 행동인이며 실용적인 민족이었다. 정치적으로는 그리스를 정복하였지만 문화적으로는 그리스에 정복당하였다. 로마인들은 천문학의 발달에는 공을 세우지 못했지만 천문 지식 이용에는 큰 공헌을 하였다.

시저(Caesar, BC 100~44)는 각 지방마다 서로 다른 갖가지 달력을 사용하고 있던 것을 역법(曆法)을 통일하여 '율리우스력(Julian calender)'을 제정하였다. 4년에 한 번을 윤년으로 하여 평년은 365일, 윤년은 366일로 하였다.

그러나 이 역법은 정확한 1년보다 조금 긴 편이어서 400년 동안 3년이 더 길어지게 되었다. 이 부정확에도 불구하고 계속 사용하였으나 1년의 길이가 10일이나 달라지자 1582년 교황 그레고리 13세는 다시 개력(改曆)을 단행하여 춘분일을 3월 21일에 맞추었는데, 이것이 현재 우리가 사용하는 달력인 '그레고리력(Gregorian calendar)' 이다.

1절 | 로마의 실용 과학

로마인들은 많은 백과사전들을 남겼다. 독창적인 사고보다는 포괄적인 박학이 더 바람직하게 여겨지던 풍토, 또는 고도로 발달한 그리스 문화를 급히 받아들이는 과정 속에서 거의 맹목적인 지식의 축척의 결과이다.

세네카(Seneca, BC 3~AD 65)는 천문, 기상, 지리, 물리 등 자연 현상에 대한 백과사전적 지식을 모아놓은 책인 『자연의 문제』를 발간하였다. 플리니(Pliny, 23~79)는 그리스와 로마시대의 거의 모든 책을 뒤져 '주의할 가치가 있는 2만 건의 항목' 에 대해 상세한 해설집인 『박물지』 37권을 출판하였다. 루크레티우스(Lucretius, BC 95~55)는 로마시대 최고의 자연철학자로서 『사물의 본성에 대하여』라는 책에서 유물적이고 원자론적인 그의 물질관을 설명하여 원자론을 부활시켰다. 루크레티우스는 "무로부터는 아무것도 생기지 않는다."라고 주장했다. 따라서 원래 존재하는 물질은 영원히 존재하고, 그리고 그 물질은 원자로 되어 있다. 더 이상 쪼갤 수 없는 알맹이로서의 원자는 움직일 빈 공간이 필요하며 따라서 진공은 존재한다. 원자는 서로 결합 또는 분리하는 과정을 통해 우리가 알 수 있는 여러 가지 물체를 만들어 준다. 그는 또한 진공 속에서 모든 물체는 똑같은 속도로 낙하한다는 말을 한 것으로 널리 알려져 있다. 그러나 루크레티우스의 원자론 사상은 이미 뿌리를 깊이 내리고 있는 그리스의 전통, 특히 아리스토텔레스의 원기설 사상을 뒤엎을 수 없었다.

1. 점성술과 연금술

그리스 자연관을 특징짓는 합리적 사고방식은 로마 이래 계속 내리막길을 걸어왔다. 그래서 일상적인 경험보다는 신의 계시 같은 것을 믿는 시대 풍조가 만연하여 신비주의적 경향이 발달하게 되었고 이와 함께 점성술과 연금술이 발달하게 되었다.

1) 점성술

메소포타미아의 원시적 점성술의 기본은 하늘의 모든 현상은 땅에서 일어나는 일들과 관련이 있다는 천인합일(天人合一) 사상이었다. 이러한 천인합일 사상은 스토아철학의 특징이었는데, 인간은 소우주이며, 소우주는 대우주(자연)의 축소판으로서 그 영향을 받는다는 생각이 점성술의 발달을 자극시켰다. 해와 달, 혹성과 별의 움직임이 인간의 운명을 좌우한다는 점성술은 숙명론적 성격을 띠었다. 점성술을 위해서는 별들의 움직임을 잘 관측할 필요가 있었고, 이 필요성 때문에 천문학은 중세를 통해 그 명맥을 유지할 수 있었다.

포세이도니우스(Poseidonius, BC 135~50)는 하늘의 자연 현상이 인간에 미치는 영향을 깊이 믿어서 그가 발견한 달과 조수 현상과의 관계를 바로 달이 인간에게 미치는 영향의 한 가지로 파악하였다.

2) 연금술의 시작

고대 이집트 지방에서는 가짜 보석, 가짜 귀금속을 만드는 기술이 발달하였는데, 사실은 금, 은과 같은 모양의 금속에다 색깔을 입혀 만드는 정도에 불과하였다. 이러한 연금술은 4원소를 기하학적으로 생각하여 서로 상호 가변적일 것으로 생각한 플라톤과 아리스토텔레스의 생각이 연금의 가능성을 간접적으로 시사하고 있다. 이들은 물질을 그 본체와 특성의 두 가지 측면에서 파악하여, 물질은 그 특성을 본체로부터 분리하여 다른 특성을 옮겨 결합하면 다른 물질로 바뀐다고 생각하였다. 즉, 4원소는 두 가지 특성을 갖고 있는데, 이들 두 특성 중에서 한 가지를 바꾸면 다른 원소가 된다는 것이다. 물은 차고 습하며, 흙은 차고 건조하고, 공기는 따뜻하고 습하며, 불은 따뜻하고 건조하다. 예를 들면, 물은 습하고 찬 특성을 갖고 있는데, 여기에서 습한 특성을 건조한 특성으로 바꾸면 물이 흙이 되고, 찬 특성을 따뜻한 특성으로 바꾸면 물이 공기로 된다고 믿었던 것이다.

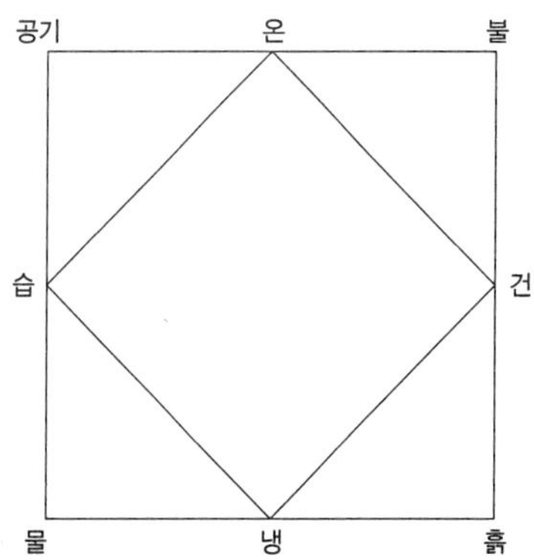

아리스토텔레스의 4원소와 4성질

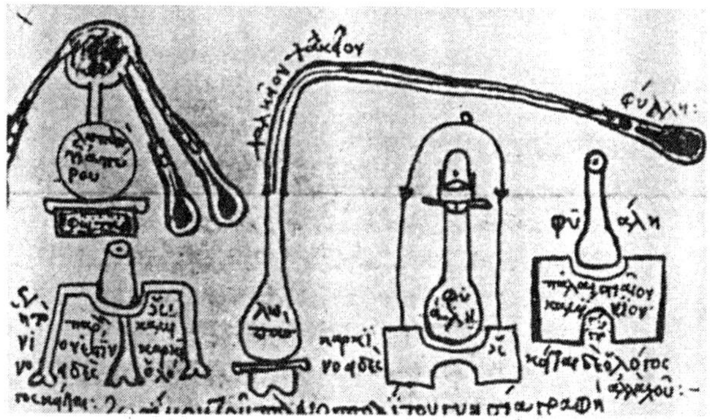

연금술 연구 그림

아리스토텔레스에서 로마시대의 스토아 학파로 연결되는 또 하나의 사상은 자연은 살아 있다는 믿음이다. 자연은 생명체와 같으며 그 속에 있는 원소나 금속들은 마치 생물이 자라나듯 성장을 한다고 생각하였고, 또 그 성장은 좀 더 완전한 물질인 금으로 바뀌어 가는 과정이라고 생각하였다. 그렇다면 이미 자연 속에서 천천히 진행되고 있는 원소의 변화를 어떻게 가속시켜 순식간에 금을 만들어 내느냐, 바로 이것이 연금술의 과제였던 것이다.

조시모스(Zosimos)는 3세기에 알렉산드리아에서 활약한 연금술사인데, 그는 그때까지 알려진 연금술의 지식을 모두 모아 연금술에 관한 종합적인 백과사전을 저술하였다.

2. 교부(敎父)와 과학

그리스도교는 4세기까지 완전히 로마를 지배하는 종교가 되었다. 기독교의 융성은 그리스의 합리주의의 쇠퇴와 자연철학에 들어올 수많은 인재를 종교에 빼앗기게 되었다. 이런 결과로 과학이 쇠퇴되어 결국 중세에는 기독교의 지배하에 과학의 암흑기가 초래되었다. 기독교 성직자에게 자연 현상은 교리를 설명하는데 필요한 신학의 시녀로서만 필요한 것이었다. 그들은 "그리스 철학은 잡다한 주장 속에 진실은 적다."라고 주장하고, 철학자의 가장 큰 결점은 궁극적인 진리인 하느님의 존재를 찾지 못했다는 것이다. 기독교인들은 합리적인 인간의 사고에 의한 진리보다 하느님의 계시가 보다 큰 진리라고 생각하여 『성서』를 최고로 존중하여 이 세상은 6일 사이에 하느님이 창조한 것이라는 '창세기' 기록을 전적으로 믿었다. 기독교인들은 그리스 자연철학자들이 한 것처럼 사물의 이치를 연구할 필요도 없고 물질의 성질, 천체의 운동들은 몰라도 되며, 모든 피조물의 유일한 원인은 유일하고 진실한 하느님의 선, 그것임을 믿기만 하면 되는 것이라고 생각하였다.

그리스 자연철학자와 기독교인들의 사상의 쟁점은 천지창조에 관한 설명에서 극명하게 드러난다. 기독교인들은 이 세계는 신이 만들어 비로소 존재하기 시작한다고 믿었기 때문에 그들은 물질과 시간이 모두 신의 천지창조 이후부터 존재한다고 주장하였다. 또 모든 자연 현상에는 법칙성이 있다는 그리스 사상에는 동조하지만 신이 관여할 때는 자연의 법칙성도 무너질 수 있다고 믿었다. 즉, 신이 관여하여 자연계의 법칙 또는 질서를 무시하고 일어나는 현상들을 기적(miracle)이라 생각하였던 것이다.

2절 | 중세 초기의 우주관

중세 초기의 우주관은 아리스토텔레스의 우주관을 약간 수정한 9중천설(九重天說)이었는데, 수정 부분은 신의 위치 문제였다. 9중천설에 의하면 지구는 우주 중심에 있고, 그 둘레를 제일 안쪽으로부터 달, 수성, 금성 등이 차례로 모든 천체를 돌고 있다. 모든 혹성들은 각각 그것을 달고 있는 투명한 천구가 있는데, 이 천구들이 하늘을 9개로 나눠주는 셈이어서 9중천(九重天)이 되는 것이다. 이들 9중천 가운데 8번째 하늘이 항성천으로 별들을 하루 한 번씩 지구 둘레를 돌게 해주는 하늘이다. 9번째 천구는 종동천(宗動天, primum

지구 중심 9중천설

mobile)으로서 그 아래에 있는 모든 천구의 회전을 주재하는 하늘이고 주재하는 주인은 하느님(신)이다. 그러나 신이 직접 모든 하늘이 다른 속도로 이동하는 것을 관리하지 않고 그 각각의 천구를 맡고 있는 9가지 계급이 다른 천사들이 관리하고 있다. 10번째 천구는 최고천이다.

그러면 신은 어디에 살고 있는가? 땅에서 제일 높은 곳에 하느님이 있고, 그 아래에 9개의 계급으로 나뉘어 천사가 있고, 그 아래에 인간이 있으며, 다시 그 밑에는 동물과 식물, 광물이 차례를 지어 배열해있다. 이것은 아리스토텔레스의 계급적 자연관의 유신론적 변형이라고 볼 수 있다.

그러나 이런 우주관에 반대한 중세 학자도 있었다.

필로포노스는 기독교의 우주관을 반대하며, 아리스토텔레스이래 중세까지 받아들여졌던 제5원소를 인정하지 않았다. 하늘과 땅은 2개의 다른 세계가 아니며 천체나 혹성을 운반하는 천구는 천사가 움직여주는 것이 아니다. 애초에 하느님은 천체가 움직이도록 기동력(起動力, impetus)을 주었고 그 힘이 마치 무거운 물체가 계속 지구로 떨어지게 해주듯이 계속 천체를 회전하게 해준다는 것이다. 이런 기동력의 개념을 가지고 운동을 설명하면 공기가 계속 밀어줘야 운동이 계속 될 수 있다는 아리스토텔레스의 운동이론이 불필요하게 된다. 이 사상은 아리스토텔레스의 사상과 정면으로 반대되므로 당시의 사회 분위기상 인정받지 못하고 배격되었다.

3절 | 중세 초기 과학의 특징

로마에서 중세 초기까지의 과학은 종교적 목적에 따라 발달되었다. 중세 초기를 통해 기독교사회의 지도층과 지식층 특히 종교적 지도자들이 갖고 있던 자연에 대한 관심은 실제로는 자연 그 자체에 대한 관심이 아니라 도덕적, 종교적 진리를 설명하기 위한 증거와 실례를 자연 속에서 찾았던 것이다. 이러한 결과로 중세에는 기독교가 전 세계를 지배하게 되면서 과학의 암흑시대가 초래하게 되었다.

제5장 중세의 과학

로마가 멸망한 5세기 중반부터 10세기 중반의 약 5백 년 사이를 '과학의 암흑시대'라 한다. 이 시기에는 스콜라 철학이 지배하였는데, 신의 계시 속에 이미 주어져 있는 진리를 찾으면 되는 것이지 새삼 진리를 밖에서부터 찾을 필요가 없다는 입장에선 스콜라 철학자들은 인간의 밖에 저만큼 존재하는 자연 속에서 무슨 진리를 찾을 필요성을 느끼지 않았다. 따라서 중세에는 그리스 자연철학을 계승하지 못한 채 단순히 기술의 발달만이 계속되었다.

과학의 암흑시대라는 중세 초기는 계속되는 기술의 혁신시대였다. 특히 농업 기술에는 새로운 쟁기가 계속 개량되면서 발달되었고, 바람 등의 동력을 이용할 수 있는 기술이 발달되었다. 중세 이전에 농업에 사용되었던 쟁기는 가벼운 쟁기를 한 사람이 끌고 한 사람이 뒤에서 누르며 따라가는 방식이었으나, 중세에 발전한 새로운 쟁기는 바퀴를 달고 동

비효율적인 마구를 달고 있는 말의 모습

물이 끌어 주어 밭을 보다 깊이 갈 수 있어서 농작물의 수확이 늘었다. 그러나 10세기부터는 말을 사용하는 방법이 개발되었는데, 말의 목에다 멍에를 거는 것 대신에 가슴에다 멍에를 검으로써 말이 목을 조이지 않게 되어 말의 끄는 힘이 3배 이상 늘어났다. 이러한 멍에 방식의 개량 이외에도 효과적인 말의 이용을 위해 편자, 박차, 안장 등이 모두 중세 동안에 발달되었다. 즉, 농업에서 전통적으로 사용되던 황소 대신에 말이 농사의 중심이 되고 또한 교통 수단으로 널리 사용되었다. 그리고 바람을 이용한 풍차나 물레방아로 동력을 얻어 방아를 찧고, 기름을 짜고, 높은 곳에 물을 대거나 하는 등의 기술이 농업을 비롯한 산업 전반에 이용된 것도 중세 동안 크게 유행하였다.

1절 | 중세에 과학이 뒤떨어진 이유

중세에 과학은 왜 뒤떨어졌는가?

중세는 후세에 쓸 수 있도록 고대 과학을 보존하였다는 점에서 의의를 찾을 수 있다. 그리스 자연철학은 계승하지 못하였으나 곳곳에서 커다란 기술의 진보를 보게 된다. 중세 초 암흑시대에 농부들은 아주 새로운 농업 기술 체제를 발명, 채택했다. 2포 또는 3포제(two or three field system)에 의한 윤작, 바퀴달린 무거운 쟁기의 사용, 소, 말의 어깨에 마구를 채우는 방법 등을 개발하였고, 농부들은 효율적인 마을의 설계, 배수방법의 개선, 집약 농업을 발전시켰다. 이와 같이 지적, 기술적 측면에서 어느 정도 진전이 있었으나 전체적으로는 빈약하였다.

왜 이렇게 빈약했을까?

첫 번째로는 중세 생활에서 과학적 자극이 결여되었기 때문이다. 과학적 진보의 참된 자극에는 지적 자극과 실질적 자극이 있는데, 지적 자극은 인간의 지적 호기심으로서 자연의 작용을 이해하려는 욕구이다. 실질적 자극은 과학 지식을 이용하여 도구와 생산 방법을 개량하려는 인간의 노력이다. 중세에는 이러한 지적, 실질적 자극이 모두 결여되었다.

두 번째로는 중세는 신앙의 시대였고, 그만큼 과학적 사색에 불리하였다. 과학자들이 탄압을 받았던 것은 아니지만 과학적인 생각을 가진 사람들 자체가 매우 드물었기 때문이다. 신앙의 시대에 지식인들은 신앙의 소명(召命)이 관심을 두어야 할 과제라고 보았던 것이다. 그들에게 과학 따위를 할 시간은 없었다. 사실 그들은 시간도 마음도 없었다. 과학적 탐구의 목표는 우주와 그 기원 및 작용에 통일된 이론을 하나하나 건설하는 것이다.

그러나 중세에는 그런 과정이 필요하지 않았다. 중세인은 신, 창조성, 전능한 의지의 교의(敎義)에서 이미 우주가 어떻게 생겼으며, 어떻게, 어떤 목적으로 운영되는가에 대한 완전한 설명을 갖고 있었다. 이런 점들에 의해서 중세에는 지적 자극이 결여되었다. 실질적 자극도 매우 약했는데, 11세기 말, 초기의 큰 발전이 있은 이후 중세 농업은 풍경화처럼 고정되었다. 중세 전체로의 기술의 진보는 극히 드물고 느렸다.

세 번째로는 길드의 보호 정신이다. 모든 지방 무역에서 기술적 방법이 비밀로 다루어졌다. 중세 유럽의 특정 지역의 많은 전문적인 기법은 외부인들로부터 주의 깊게 보호된 지역에 뿌리박혀 있었다. 그래서 산업에서 힘들여 얻은 지식이 과학의 영역으로 스며드는 일이 드물었고, 학자들의 과학 지식이 산업 기법에 영향을 주기도 힘들었던 것은 당연하다.

2절 | 르네상스

12세기에 일어난 르네상스는 농업 혁신을 통한 잉여 생산, 도시의 발달, 봉건제도의 파괴를 배경으로 오랫동안 과학의 암흑시대에 있던 유럽에 아라비아에 머물던 서양 문화의 중심이 12세기 동안 유럽 대륙으로 이동되면서 일어났다. 12세기에 학문의 발달을 자극한 것은 아랍 과학이 대규모로 번역되어 유럽에 수입되면서 가능하게 된 것이다. 1085년 스페

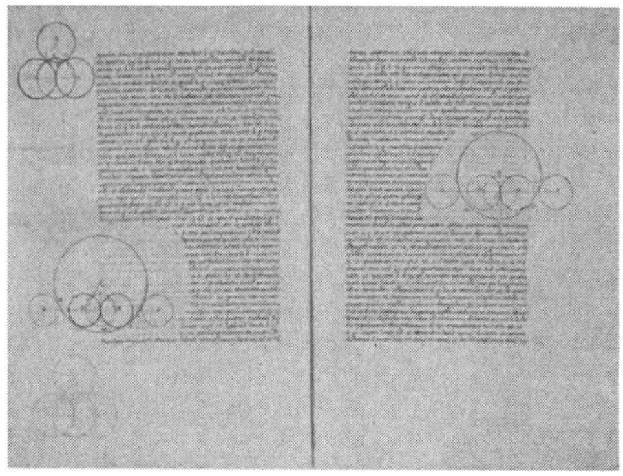

알마게스트 책의 일부

인의 톨레도(Toledo)가 십자군의 손에, 1091년 이탈리아의 시실리(Sicily) 섬이 기독교도의 수중에 정복되면서 이런 지역에 있던 아랍어와 라틴어에 능한 학자들이 아랍 과학을 라틴어로 번역하여 유럽에 소개하게 되면서 그리스 과학이 유럽에 전해지게 되었다.

그러나 아랍 과학의 번역은 사실 아랍 과학이라기보다는 아랍어로 쓰인 그리스 과학이 대부분이었다. 아랍 사람들이 보태놓은 아랍 과학보다는 번역가들에 잘 알려진 그리스 과학자들의 이론을 아랍어로 쓰인 것에 더 관심을 두었기 때문이다. 르네상스를 가능케 한 대표적인 번역가는 애드라드(Adelard)와 제라드(Gerard) 등이다. 애드라드는 유클리드의 『기하학 원본』을 아랍어에서 라틴어로 번역하였고, 제라드는 프톨레미의 천문학 책인 『알마게스트(Almagest)』를 라틴어로 번역하였다. 그 당시 플라톤이나 아리스토텔레스의 자연관은 그 대강이 알려져 있었지만 그 모습 전체가 서양에 전해지기는 이들의 번역을 통해서이다.

13세기까지에는 그리스 이래 아랍시대까지의 과학 유산은 그 대부분이 라틴어로 번역되어 대량 흡수가 가능한 단계가 되었다. 이 바탕 위에 서구 과학이 발달되었다. 그러나 이외에도 대학의 등장, 실험 정신의 싹틈, 아리스토텔레스 권위에의 도전, 과학의 수학화 등 여러 가지 변화가 일어나서 결국 근대 과학이 발달하게 되었던 것이다.

그러면 과연 12세기에 르네상스가 일어날 수 있었던 배경은 무엇일까?

중세 전반에 지적 분위기가 변했던 것이다. 기독교 신앙 자체가 사람들의 관심을 완전히 사로잡지 못하였다. 여러 가지 이견(異見)들이 중세 학문 한가운데에 나타났고, 철학적 논쟁이 교의(教義)의 근본을 흔들었으며, 부드러운 반대의 표현 뒤에 깊은 의심과 의문이 숨어 있었다. 그래서 프랑스인 땐(Taine, 1828~1893)은 중세 전체를 의심으로 찌든 기간이라고 묘사하였다. 13세기의 의문으로부터 지적 호기심, 즉 이제까지의 닫혀있던 질문을 다시 열어 가능한 모든 수단을 동원하여 답을 구하려 하는 물결이 나올 수밖에 없었다. 그래서 고대 그리스의 철학 및 과학이론에 대한 관심이 부흥하였고, 그리스, 아랍 사람들에게서 배우기를 열망하였다. 따라서 번역이 일어나며 르네상스가 가능하게 된 것이다. 즉, 12세기에 르네상스에 일어난 배경에는 ① 지적 분위기로 사회 분위기가 변함, ② 농업 혁신을 통한 잉여 생산물 확보, ③ 활발한 교통 발달에 의한 무역 성행과 도시 발달, ④ 십자군 운동, ⑤ 번역의 홍수라고 할 수 있을 것이다.

3절 | 중세 서구사회의 변화

1. 대학의 등장

그리스 시대에는 플라톤의 아카데미(Academy), 아리스토텔레스의 리케이온(Lyceum), 알렉산드리아의 유제이언, 아랍세계의 집현전(集賢殿) 등이 있어 연구와 교육을 담당하였다. 그러나 연구, 교육 기관에 대학(University)이라는 용어가 처음 쓰인 것은 13세기부터이다.

13세기 초부터 이탈리아의 볼로냐(Bologna) 대학, 프랑스의 파리(Paris) 대학, 영국의 옥스퍼드(Oxford) 대학, 캠브리지(Cambridge) 대학 탄생 등이 유럽에서 생겨났다. 독일의 비엔나(Vienna) 대학(1365), 하이델베르크(Heidelberg) 대학(1385)은 이들 대학보다 약간 늦게 생겨났다. 13세기부터 생겨난 대학들은 교회 안에서의 학문 활동이 세속화하여 일어난 것이다. 그 결과 성직자만이 독점하던 높은 수준의 학문이 대학 교수에게 전파되어 비로소 학문의 연구는 교회의 지배를 벗어나게 되었다. 따라서 학문의 세속화는 학문의 전문화를 유도하였고, 연구의 자유, 비판의 자유가 발생되면서 자연적으로 그때까지 절대적 권위를 유지하고 있던 아리스토텔레스의 과학 체계에 도전하게 된 것이다.

2. 실험 정신의 싹틈

그리스시대의 플라톤과 아리스토텔레스의 자연관이 그대로 중세까지 계승되었다. 즉, 플라톤의 눈앞에 보이는 현상보다는 그 뒤에 영원히 변하지 않는 이데아(idea)의 세계를 찾아야 한다는 관념론과, 아리스토텔레스의 현상 그것을 실제 존재하는 것으로 중요시하고 그것을 과학의 대상으로 보는 경험론이 계승되었다. 중세 전기에는 플라톤의 관념론 사상이 유력하였으나 아랍어로부터 번역을 통해 아리스토텔레스를 알게 된 후 차차로 아리스토텔레스의 경험론 사상이 유력하게 되었다. 이러한 아리스토텔레스의 경험론에서부터 실험 정신이 발생되어 나왔다. 이런 실험 정신을 대표하는 몇몇 학자들이 있었다.

1) 그로스테스트(Robert Grosseteste, 1175~1253)

그는 옥스퍼드 대학 초대 학장이었는데, '가설연역법' 이라는 새로운 과학 방법론을 제시하였다. 이것은 경험을 바탕으로 하여 자연 현상에 대한 가설을 설정한 후 결론을 얻고, 이 결론은 다시 경험을 통해 옳고 그름이 판정되어야 한다는 이론이다. 만약 하나의 가설에서 추리해 낸 결론이 경험 사실과 어긋나면 그 가설은 버려야 한다. 그는 수학적인 연역 방법과 실험적 검증을 강조하였는데, 이것은 갈릴레오 이후 근대 과학 방법과 비슷하다.

2) 베이컨(Roger Bacon, 1210~1293)

권위와 관습의 노예 노릇에 머물고 있는 학문적 태도를 날카롭게 비난

하고 자연에 대한 지식은 실험을 통해 얻어져야 한다고 강조하였다. 그도 역시 수학적 방법과 실험의 중요성을 강조하였고, 광학 연구에 몰두하며 볼록 렌즈의 확대 현상을 연구하여 망원경의 가능성을 예언하였으며, "빛의 방사가 운동의 전달이며 따라서 빛의 전파에는 시간이 걸릴 것이다."라고 하였다. 이것은 근대 과학이 이룩한 빛의 본질에 보다 가까운 생각이었다. 또한 그는 짐승의 힘을 빌리지 않고 움직이는 수레(자동차), 하늘을 나는 기계(비행기), 물속에서 움직이는 기계(잠수함) 등을 예언하기도 하였다.

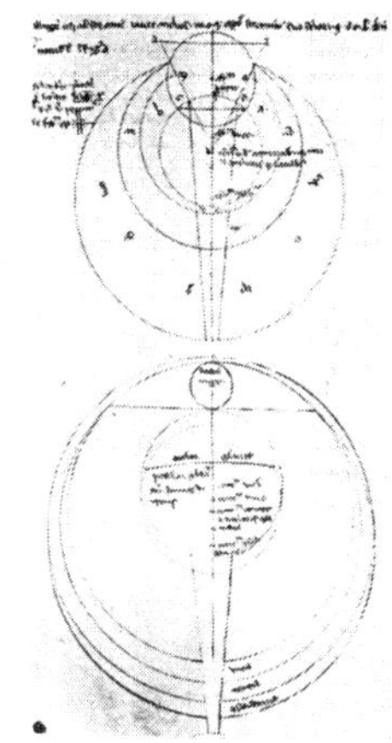

베이컨의 눈의 구조와 광학에 대한 연구

3) 마리쿠르(Pierre de Maricourt, ?~?)

베이컨의 친구이며 서양사에서 처음으로 자석에 관한 연구를 남긴 학자로 알려져 있다. 마리쿠르는 체계적 실험을 통해 자석의 서로 다른 극만이 서로 잡아 끌고, 같은 극은 서로 밀어 부친다는 것과 자석을 둘로 자르면 그 두 쪽이 각각 자석이 된다는 것, 보통의 쇠를 자석으로 만들 수 있다는 것 등을 알아내었다.

경험과 실험의 중요성을 강조하는 새로운 경향은 13세기에는 이렇다 할 성과를 내지는 못하였다. 그러나 이러한 정신만은 그대로 그 뒤에도 계승되어 갈릴레오에게 까지 간접적으로 영향을 주었다고 과학사가들은 생각하고 있다.

3. 아리스토텔레스 권위에 도전

그 당시까지 절대적 권위를 유지하던 아리스토텔레스의 권위에 도전한 학자들도 많이 나왔다.

1) 오캄(William OcKham, 1295~1349)

옥스퍼드 대학 교수였던 그는 아리스토텔레스의 운동이론, '운동하는 물체는 계속적으로 힘의 작용을 받아야만 운동을 계속할 수 있고 또 그 경우 힘의 매개를 위해서도 진공은 존재할 수 없다' 는 이론을 반대하였다. 자석이 멀리 떨어진 쇠붙이에 힘을 작용하는 예를 설명하면서 수레나 말의 경우와는 달리 서로 직접 연결되지 않은 것도 힘을 작용할 수 있다고 주장하였다. 특히 그는 기동력설(起動力說, impetus)을 주장하였는데, 기동력설은 로마시대 6세기 필로포노스(John Philoponos)가 천체의 하나하나를 천사 한 명씩이 밀어주고 있다는 종래 생각에 반대하고 하느님은 애당초에 모든 천체가 시간의 흐름에 관계없이 원 운동을 계속하도록 점지해 주었다고 주장하고, 이 까닭은 "바로 하느님이 애초에 그렇게 하도록 천체 각각에 기동력(impetus)를 부여해 주었기 때문이라고 하여 하느님이 애초에 기동력을 주면 될 일을 수많은 천사를 동원하여 복잡하게 했을 이치가 없다."라고 주장한 이론이다. 오캄은 이 이론을 계승하여 "자연은 적은 것으로 할 수 있는 일을 많은 것으로 하지 않는다."라고 주장하였는데, 이것을 면도날 원칙(razor principle)이라 한다. 오늘날 근대 과학자들이 연구하는 자연 관찰의 기본 태도는 '자연은 복잡한 방법보다는 간단한 방법으로 움직인다' 고 생각하고 있다.

2) 뷔리당(Buridan, 1300~1358)

파리 대학 학장인 그는 팽이의 운동으로 아리스토텔레스의 운동이론이 틀림을 증명하였는데, 제자리에서 빙빙 도는 팽이는 앞에 실린 공기가 뒤에서 다시 밀어주는 그런 작용이란 있을 수 없다. 그럼에도 불구하고 팽이는 운동을 계속할 수 있음을 보더라도 기동력설(impetus)이 옳음을 알 수 있다는 것이다.

3) 삭소니(Saxony, 1320~1390)

투사체의 운동이란 처음에는 기동력(impetus)이 무게를 이겨 직선 운동을 하지만 기동력이 저항 때문에 약해지면서 무게에 의한 낙하 운동이 복합되어 곡선 운동을 하다가 기동력이 아주 약해지면 낙하 운동만이 남게 된다. 그래서 그는 운동을 등속도 운동, 변속 운동(등가속도 운동), 불규칙 운동 3가지로 구분하였다.

4) 오렘(Nicole Oresme, 1325~1382)

역사상 처음으로 삭소니(Saxony)가 설명한 3가지 운동을 그래프로 그려 등속운동은 직사각형으로, 변속운동은 삼각형으로, 불규칙 운동은 불규칙하게 그릴 수 있음을 보여주었다. 수학과 점성술 및 천문학에 밝은 오렘은 당대의 일류 경제학자로서 화폐에 관한 중요한 저술을 남긴 학자였다. 또한 운동의 상대성으로부터 지구의 자전에 대한 가능성을 시사하여, 고대 그리스의 지구자전설을 재생시킨 학자로서 중세 말기에 이미 천동설이 의심을 받고 있었음을 알 수 있다.

4. 과학의 수학화

중세 과학과 근대 과학의 차이는 근대 과학의 수학화이다. 여러 중세 학자들이 자연 현상의 수학적 이해를 위해 노력하였는데 그 대표적인 사람들이 옥스퍼드 대학, 특히 머튼 대학(Merton College)의 계량학파의 학자들이었다. 이들은 '등가속도 운동에 있어서의 통과 거리는 초속도와 종속도의 평균 속도를 가진 등속도 운동이 같은 시간 동안에 통과한 거리와 같다' 는 사실을 발견하고 이것을 머튼 규칙(Mertonian Rule) 또는 이것을 그래프로 설명한 오렘(N. Oresme)을 기념하기 위하여 오렘의 규칙(Rule of Oresme)이라고 한다. 머튼학파의 대표적인 학자는 브래드워딘(Thomas Bradwardin), 스와인스헤드(Richard Swineshead), 하이티스베리(William Heytesbury) 등이 있다. 브래드워딘(Thomas Bradwardin, 1290~1349)은 옥스퍼드의 머튼 학파의 중심 학자로서, 아리스토텔레스의 운동이론이 물체의 운동속도는 그에 가해지는 힘에 비례하고 저항에 반비례한다[V=K (P/R)]고 가르치는데 반대하였다. 그대신 힘(P)이 저항(R)보다 작거나 같은 정도라면 운동은 일어나지 않는다[V=K log P/R]라고 주장하였다. 이 이론은 틀린 것이지만 아리스토텔레스의 이론을 다른 이론을 갖고 배격했다는 점에서 의의가 있다.

14세기까지의 스콜라 학자들이 발전시킨 자연관은 운동을 수학적으로 이해하려했다거나, 운동량 또는 운동의 합성 또는 질(quality)을 계량화하려는 노력 등등에서 놀랄만큼 성공적이었고 갈릴레오의 선구자로 불릴만한 중요한 발전이 있었던 것은 사실이다. 그러나 그것은 단편적이었고 제한된 것이었다. 예를 들면 기동력설의 아이디어는 매개체에서 추진력을 찾으려는 아리스토텔레스의 생각을 조금 바꾸어 매개체 대신 운동체 속에서 추진력을 찾은 것 뿐이다.

그러나 근대적인 관성이론에 의하면 정지하고 있는 물체에도 관성은 존재하지만 중세학자들의 기동력(Impetus)이론에 따르면 정지하고 있는 물체에는 기동력 같은 것은 없다고 주장하였다. 기동력설 이론은 아리스토텔레스의 운동이론을 근본적으로 뒤흔들면서도 오히려 근대 과학보다는 그리스 과학에 더 가까웠다고 할 수 있다.

여하튼 이런 한계성을 가진 발전 속에 중세의 종말을 고하는 일대 지적혁명이 일어 날 수 있는 바탕은 성숙하고 있었다. 즉, 실험 정신의 등장, 자연 현상의 수학적 이해 등 근대적 과학의 특성이 부분적으로 발달되기 시작하였다. 문제는 그 부분들이 어떻게 한 곳으로 모여 지적혁명(과학혁명)을 낳느냐는 것이었다.

모든 자연 현상은 변화를 포함하고 있다. 그 변화를 기하학적 그림으로 표현할 수 있다는 인식은 17세기에 이르러 데카르트(Decartes, 1596~1650)의 해석기하학이 나옴으로 더욱 발전하여 근대 과학의 기초가 되었다. 데카르트는 타원, 포물선, 쌍곡선에 관심을 갖고 연구하여 기하학적인 직선, 곡선 등을 대수적으로 표시하였다. 예를 들면, 직선 $y=ax+b$, 반지름이 5인 원은 $x^2+y^2=5^2$이라고 표시하였다. 따라서 데카르트의 해석기하학은 아무 관련이 없던 대수학과 기하학과의 사이에 다리를 놓아주었다.

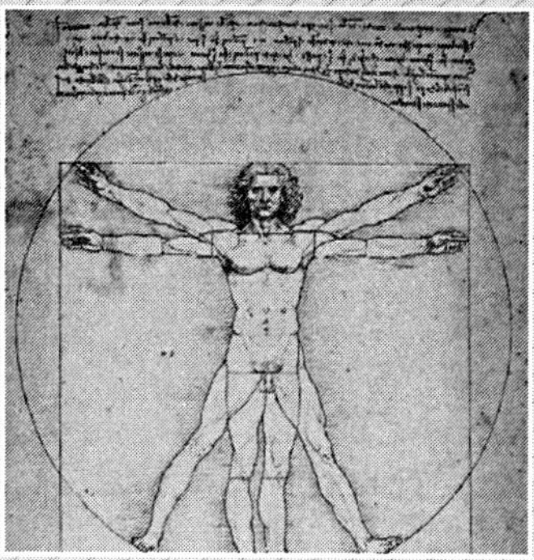

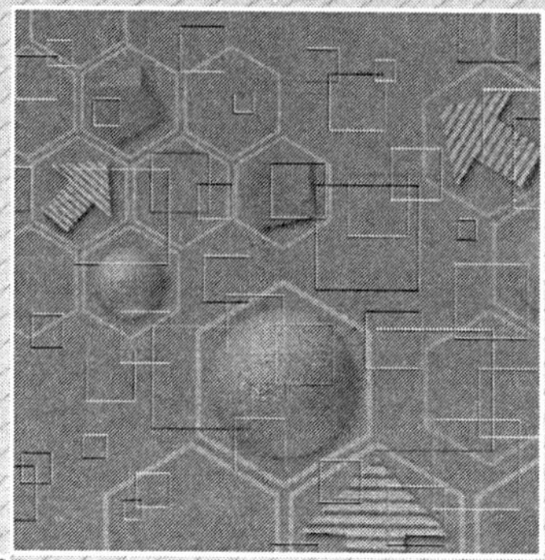

Comprehension of Science History

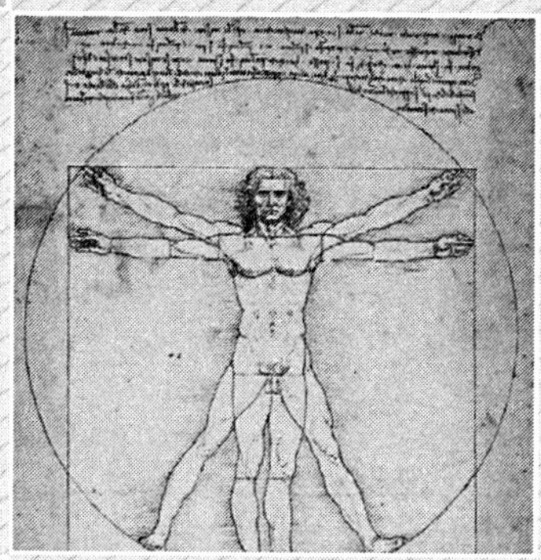

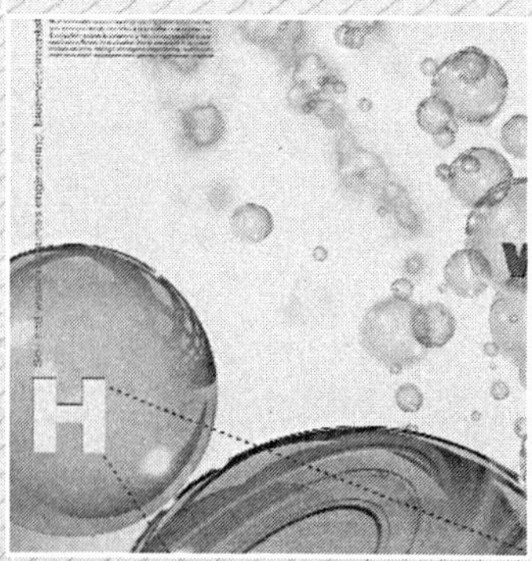

과학사 이해

제 3 부

동양의 고대 과학

제6장 | 고대 중국의 전통 과학

고대 중국은 그리스와 맞먹는 고대 문명을 발달시켰다. 그러나 근대에 과학 혁명이 일어나지 않았다. 왜 중국의 전통 과학은 서양처럼 혁명적 변화를 거쳐 근대 과학으로 꽃피지 못했는가?

다시 말하면 왜 서양의 전통 과학은 17세기의 과학 혁명을 낳을 수 있었는가?

19세기부터 동양 과학과 서양 과학이 하나가 되어 세계사로 합쳐진다. 여기에 동양인이 갖고 있던 특이한 자연관이 세계 과학의 흐름에, 나아가서는 인류 문화의 발전에 공헌할 가능성은 상당히 있다.

1절 | 고대 중국의 자연관

단편적인 고대의 지식이 체계화되어 후세에 남겨진 것은 춘추전국시대(BC 770~221)인데, 이 시대에 제자백가(諸子百家)가 나와 제각기 서로 다른 생각을 갖고 혼란 속에 빠진 사회를 구하겠다고 장담하였다.

이중 몇 가지 특징 있는 줄기를 형성하여 동양의 3가지 자연관이 확립하였다.

1) 도교(道教)

노자(老子)와 장자(莊子, BC 396~286)가 대표적인 학자들로, 인간을 대자연의 일부로 보고 인간의 바람직한 위치는 자연의 리듬(道)을 타는 것이라고 교육하였다. 그러나 도교의 가르침은 인간을 너무 자연 속에 푹 파묻어 거리를 두고 자연을 관찰할 여유를 가르치지 못하였다. 결과적으로 신비주의적 태도로 변신하여 자연의 관찰에서 어떤 지식을 얻는다는 생각보다 그것을 두려워하고 신비화해버리는 '단념의 철학' 이 발생하였다.

2) 묵교(墨教)

묵자(墨子, BC 468~376)가 대표적인 학자로, 그는 인간의 이성이 생각을 통해 얻을 수 있는 논리적 결과를 매우 중요시하였다. 따라서 실용적이고 인간 본위였으며 자연 현상에는 무관심하여 자연 관찰은 거의 없고 논리학이 발달하였다.

3) 유교(儒教)

도교와 묵교의 중도 노선이었는데, 결국은 유교가 궁극적으로 승리하였다. 공자(孔子, BC 552~479)와 맹자(孟子, BC 372~289)가 대표적 학자들로 묵교는 유교의 승리 앞에 매장되어 그 결과 동양에서는 엄밀한 논리적 사고방식은 발달하지 못하였다. 그러나 도교는 유교에 많은 영향을 남겼는데, 유교에 없는 자연철학은 도교에서 흡수된 것이다.

4) 동중서(董仲舒)의 자연관

동중서(BC 179~104)는 전한의 대표적인 사상가로 음양오행 사상을 계승 발달시켜 한국과 일본의 고대 사상사에 많은 영향을 미쳤다. 오행 사상은 추연(BC 350~270)이 크게 발전시켰으며, 동중서는 다만 이미 성행하고 있던 생각을 유교 속에 흡수한 것뿐이다. 그는 모든 자연 현상을 5가지(水, 木, 火, 金, 土)의 변화하는 모습(5행)으로 설명하려 하였다. 이것은 동양에서 발달한 원소설로서, 그리스 원소설이 물질적인 성질을 규명하는데 그친 반면 동양의 5행은 변화의 과정을 설명하였다. 즉, 그리스의 4원소는 서로 어떻게 바뀌는가를 설명하지 않고 있음에 반해 동양의 5행은 그들 사이의 변화의 차례가 중시되었다. 5행의 변화 순서는 나무(木) → 불(火) → 흙(土) → 금속(金) → 물(水)의 순서로 변하는데, 이것을 상생(相生)이라고 한다.

동중서는 우주란 음양지기(陰陽之氣)로 꽉 차 있는 하나의 유기체로 생각하였다. 인간이 자연의 일부분이라는 생각은 도교적인 발상인듯하지만, 그러나 인간은 모든 생물 가운데에도 가장 귀한 것이라고 하여 동중서는 유교적인 인간중심 사상을 덧붙이기를 잊지 않는다. 공자, 맹자는 자연을 보지 못한 채 인간만을 보았으나 동중서는 자연도 보았다.

동중서의 생각에 의하면 인간은 자연과 어떤 관계에 있는 것일까? 인간은 모두 자유 의지를 갖고 있어 인의(仁義)를 행할 수 있다고 하였다. 맹자는 인간은 착하게 태어난다고 생각했지만 동중서는 인간은 착할 수 있는 소질을 타고날 뿐이며 인간은 착한 일도 악한 일도 모두 할 수 있다고 하였다. 동중서는 여기서 선악을 판정해주는 절대자로서 천(天)이라는 인격신 같은 존재를 인정하였다. 왕이란 하늘(天)의 명을 받아서 하늘(天), 인간(人), 땅(地)을 관통시켜주는 책임을 지는 자이다. 따라서 왕이 정치를 잘못하여 세상이 어지러우면 天은 자연 속에 이상한 현상을 일으켜 왕의 잘못을 깨우쳐 주게 된다.

만약 인간세계가 평화롭게 지낼 때에는 아무런 자연 이변이 일어나지 않지만, 그렇지 않으면 재이(災異)가 생기고 심하면 하늘(天)은 명을 바꿔(혁명, 革命) 왕을 쳐내고 새 왕에게 천명(天命)을 내리기도 한다. 이것을 동중서의 재이설(災異說)이라고 하는데 중국, 일본, 한국의 역사 속에 수많은 자연의 재이가 기록되고 있는 까닭도 이 때문이다. 동중서에 의해 유교는 자연을 인식하기 시작했으나, 그것은 종교적이고 또 비합리적인 요소를 상당히 흡수한 것이다. 이런 변화에 대해 반대 의견도 있었다.

왕충(27~97)은 인간 세상의 잘잘못이 자연에 이변을 일으킬 까닭이 없다고 동중서의 재이설을 반박하고 인간도 다른 동식물과 조금도 차이가 없는 존재라고 주장했다. 그러나 동중서가 받아들인 비합리적인 요소와 종교적 경향은 아예 유교 전통 그 자체를 무색하게 만들어 당나라쯤에는 종교로서의 도교와 새로 일기 시작한 불교가 크게 성하게 되었다. 불교는 자연 현상을 비롯한 모든 일체의 현상을 모두 헛된 꿈, 즉 색즉시공(色卽是空)이라고 하여 자연에 대한 관찰을 무의미하게 만들었다.

2절 | 신유학과 격물론(格物論)

당나라 말기 종교로서의 도교와 불교와 같은 종교적 경향에 반발하고 유교의 부흥이 시작되어 송나라 초기에 송학 또는 신유학이 발생하였다. 주자(1130~1200)가 대표적 학자로서 그는 자연 현상을 있는 그대로 인정하고, 자연 현상의 뒤에 숨어 있는 어떤 법칙성 또는 이치 같은 것에도 깊은 관심을 보였다. 자연 현상의 모든 변화를 일으키는 것을 기(氣)라고 부르고 그러한 자연 현상이 있는 까닭은 이(理)라고 불렀다.

신유학은 이(理)를 아주 중시하여 흔히 이학(理學)이라고 불렸다. 사물의 이치를 규명하는 것, 즉 격물(格物)을 학문의 근본 태도라고 하였다. 『대학』에는 유교의 궁극적 이상사회를 이루는 주체가 되기 위해 학자는 어떤 단계를 거쳐야 할 것인가를 8조목에 걸쳐 설명하고, 격물(格物) → 치지(致知) → 성의(誠意) → 정심(正心) → 수신(修身) → 제가(齊家) → 치국(治國) → 평천하(平天下)의 8단계 중 가장 첫 과업이 바로 사물의 이치를 연구하는 것(格物)이라고 하였다. 그러나 실제로는 신유학에서의 격물은 자연 현상을 연구하는 데에는 활용되지 않았고 수신에 필요한 방향으로만 적용되었다.

즉, 인간의 도덕적 완성을 목표로 하고 거기 필요한 격물만을 값지게 생각하여 신유학에는 자연을 자연 그대로 보려는 태도가 부족했다. 불교와는 달리 자연 현상에까지도 관심을 보이고 그 뒤에 숨어 있는 이치를 발견하려고 노력은 했으나 그 궁극적인 목적은 자연의 이해가 아니라 어디까지나 자연의 이치를 사회에 이용하려는 데에 두었다. 신유학은 동중서가 가르친 것 같은 유신론적 경향을 상당히 벗어났다.

그 결과 天이라는 인격신 대신 오히려 태극(太極)이라는 이중지리(理中之理) 또는 궁극적인 우주의 법칙을 논했다. 그래서 동중서의 '하늘이 벌을 내린다'는 관점이 아주 약화되고 그 대신 우주를 꽉 채우고 있는 물질적 요소 즉, 기(氣)가 인간과 자연 사이를 매개해준다는 설명이 대치되었다.

즉, 자연의 이상 현상은 하늘이 인간사에 잘잘못을 판정하여 내보낸다기보다는 인간사에 잘못이 있으면 우주를 채운 기(氣)가 조화를 잃어 자연에 이상 현상을 일으킨다는 설명이다.

동중서는 인간과 자연의 관계는 그 사이에 신(天)이 있어 연결되는 것으로 본데 반해, 신유학은 그 신의 존재를 뒤고 물려버리고 자연과 인간이 그 공통 구성 물질인 기(氣)에 의해 상응한다고 보았다. 동중서의 유학에 비해 신유학은 훨씬 합리적이었고, 오늘날 21세기를 지향하는 인류가 가져야 할 생태학적 자연관을 예견하였다.

그러나 서양에서 근대 과학을 크게 발전시켜준 태도, 즉 자연을 인간의 문제와 일단 완전 분리시켜 그 속에서 어떤 법칙성이나 이(理)를 찾아보려던 경향은 유교 전통 속에서는 발달하지 못하였다.

3절 | 고대 중국의 과학

1. 수학

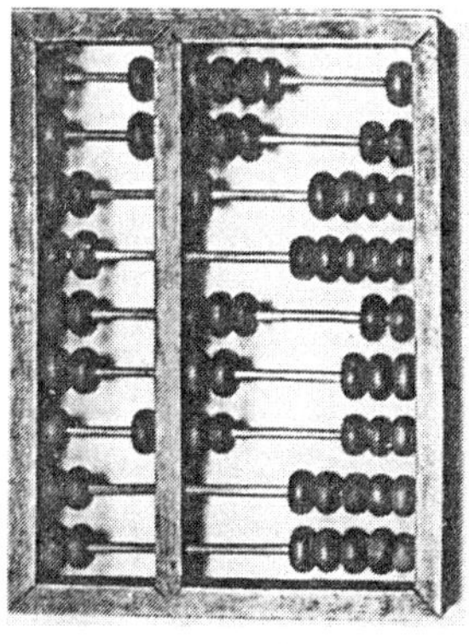

고대 중국의 주판

고대 중국의 수학은 실용 수학이었다. 한나라 때의 수학책으로서 동양 수학의 기본서인 『구장 산술』의 특징은 모두가 구체적인 실용의 예로 되어 있다는 점이다. 그래서 전혀 추상화되지 않았고, 이 특성이 중국 수학의 발달을 제약하였다.

2. 천문(天文)과 역법(曆法)

다른 고대 문명사회와 마찬가지로 중국에서도 예부터 하늘의 이상한 현상이나 천체의 운동에는 깊은 관심을 보였다. 고대 중국인들은 이 세상이 어떻게 태어났다고 보았던가? 어떤 모양을 하고 어떻게 움직이고 있는가?

우주가 태어난 과정에 대해서는 전한시대의 책인 『회남자(淮南子)』에 설명이 있다. 이 세상은 원래 이렇다 할 형체를 가진 것이 전혀 없던 시작 단계, 즉 태시(太始)에서 비롯했다. 태시는 허공을 낳고 거기서 우주가 태어났다. 우주는 오늘날과는 뜻이 달라 시간과 공간을 뜻한다. 시간과 공간은 원기(元氣)를 낳았고 그 중 맑고 밝은 것은 하늘(天)이 되고, 탁하고 무거운 것은 땅(地)이 되었다. 천지(天地)는 음양(陰陽)을 가능케 하고, 그로부터 이 세상에는 4시(四時)가 생기고 만물이 낳고 자란다는 것이다.

우주의 모양은 어떤 것일까?

한나라시대에 개천설(蓋天說)과 혼천설(渾天說)이 대립하였는데, 개천설은 땅은 평평하고 하늘도 평평하여 땅 위를 덮고 있다는 생각이다. 이 이론은 뒤에 조금 수정되어 하늘은 마치 우산 모양처럼 가운데가 높고 둘레는 낮으며 땅은 그 아래에 평평하게 펼쳐져 있다는 생각이 되었다. 혼천설은 우주가 계란처럼 생겨서 하늘은 그 껍질에 해당하고 노른자가 즉 땅이라는 생각이다. 한나라 이후 이러한 우주론은 한 발짝도 더 발달되지를 않았다.

그리스 사람들이 동심원 모양의 우주 모델을 끊임없이 개량해 갔던 것과는 달리 중국인들은 기하학적인 우주 모델을 생각하지 않았던 것이다. 하늘이 동심원으로 생겼건 말건 중국인들은 그에 상관하지 않고 각 천체의 운동을 정확히 관측하고 그 관측 결과를 바탕으로 미래의 움직임을 계산하였다.

하늘에서 일어나는 규칙적이고 예측할 수 있는 변화를 관측하여 시간을 재는 역법(曆法)을 발달시켰고, 불규칙적인 예측할 수 없는 변화에서 점성술을 발달시킬 수 있었다. 『주역(周易)』에는 인간은 천문을 보아 시간의 변화를 알고, 천상(天象)을 보아 길흉을 예측할 수 있다는 말이 적혀 있다. 중국의 점성술은 정치 중심의 성격을 갖고 있어서 천문 현상으로부터 예측하려는 것은 주로 국가나 왕실의 운명이었자 개인의 운명이 아니었다. 서양의 점성술이 개인의 운명을 예측하려는 것(horoscopic astrology)이었는데 비해 동양의 그것은 전혀 다른 모습(judicial astrology)으로 발달했던 것이다.

이러한 중국 고대 점성술은 동중서의 재이설(災異說)의 중요 부분이 되어 유교 전통 속에 흡수되어서 후세까지 계승되었다. 그러나 불규칙적인 하늘의 변화를 제대로 파악하려면 규칙적인 변화를 우선 잘 알아둘 필요가 있다. 규칙적인 천체의 움직임은 특히 역산(曆算)의 발달에 아주 중요하였는데, 역산(曆算)이 발달한 이유는 농경 문화와 예(禮)의 숭상 때문이다. 농경 문화에서 씨를 뿌리고 열매를 거두는 데에는 정확한 때맞춤이 필요하였고, 예(禮)의 숭상을 위해 제사를 제대로 지내기 위하여 정확한 시간이 필요하였던 것이다.

즉, 농경의 필요와 예의 숭상이 달력의 발달을 자극하여 춘추전국시대에 어느 정도 달력이 발달되었고 간지(干支)를 사용하여 60년을 주기로 사용하였는데, 이것은 태양태음력이어서 태양의 운동과 달의 운동을 조화시켰다.

예를 들면, 황도 위에 24개의 점을 찍어 놓고 태양이 각 점을 통과할 때를 입춘(立春)이니 하지(夏至)니 하여 24절기(節氣)라 불렀다. 지금도 농사짓는데 쓰이는 이 절기는 태양의 운동에서 계절의 변화를 알기 위한 것이다. 그러나 1개월의 길이는 달의 운동을 기준으로 사용하여 한 달을 29일 또는 30일로 하여 12개월이면 354일이 되는데, 한나라시대에 윤달을 정하는 방법이 확립되어 19년간에 7회의 윤달을 넣는 방식을 채택하였는데, 그리스시대의 메톤 주기(Metonic cycle)라 부르던 것이 바로 이것이었다.

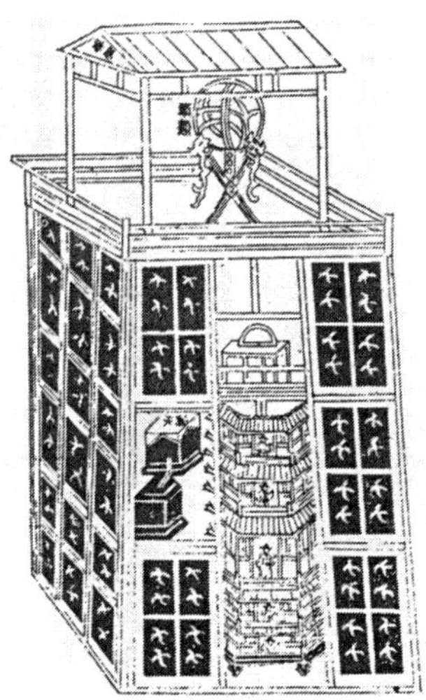
중국의 천문 시계탑

① 수나라 : 19년에 7회 윤달 방식이 개량되어 676년에 249회 윤달을 두었다.

② 당나라 : 이순풍의 인덕력, 일행의 대연력 같은 개량된 역법이 발달하였는데, 신라와 백제에 도입되었다.

③ 원나라 : 역법이 크게 개량되어 관수경이 1280년 수시력(授詩曆)을 완성하였다.

④ 명나라 : 수시력이 대통력으로 이름만 고쳐진 채 그대로 사용되었는데, 이 역법은 1년의 길이를 365.2425일로 정하여 오늘날과 거의 비슷하였다.

3. 의학과 본초학

고대 중국에는 동물, 식물, 광물에 대한 연구를 하는 본초학이 발달하였는데, 실용적 목적으로서 발달하였다. 서양의 아리스토텔레스 이후 발달한 박물학과 비슷하지만 박물학이 구체적인 목적이 없는 학문 태도였음에 반해 본초학은 의약의 연구로서만 존재하였다.

『사기(史記)』에는 춘추전국시대의 대표적 의사인 편작(히포크라테스와 비슷한 시대의 의사)에 관한 기록이 있는데, 그는 '병에 걸리면 주술에 의지하지 말고 의사를 찾으라' 고 하였다.

『내경(內徑)』은 현재까지 남아있는 가장 오래된 의학책인데, 황제가 지었다는 전설 때문에 '황제내경' 이라고도 불린다. 여기에는 인간의 질병이란 음양이 조화를 잃는데서 생기는 것이라 설명하고, 인간은 하나의 소우주이며, 대우주가 음양지기의 조화로서 이루어지고 있는 것처럼 소우주도 마찬가지이다. 5행설도 활용되어 5장이란 말이 여기에서 나온다. 내장을 5장 6부로 나누어 5장은 심장(心), 간(肝), 폐(肺), 비장(脾), 신장(腎)이고 6부는 쓸개(담), 위, 대장, 소장, 방광, 삼초(三焦)이다. 질병의 직접적 원인으로는 바람(風), 추위(寒), 더위(暑), 습기(濕)의 사기(邪氣)가 밖에서 들어가거나 또는 몸 안의 기(氣)가 모자라거나 남거나 하는 변화에 있다고 설명하였으나 질병의 치료에 대한 구체적 방법이 없었다.

『상한론(傷寒論)』은 후한시대 때 장중경(150~219)이 편찬한 의학책이다. 여기에는 질병을 양(陽)의 질병 3가지, 음(陰)의 질병 3가지씩 모두 6종류로 나누어 열이 나는 모양이나 맥이 뛰는 정도를 중심으로 병을 진단하고, 그 증세에 따라 땀을 내게 하거나 토하게 하거나 또는 설사를 하게 하는 등 다른 치료 방식을 사용하였다. 이 책은 치료 방법을 명확히 설명하여 동양 3국의 한의학의 기본서로 지대한 영향을 미쳤다.

『신농본초경』은 남아있는 가장 오래된 본초서인데, 양나라의 도홍경(452~536)이 편찬하였다. 이 책에는 365종 약물을 소개하고 있는데, 365종의 약물을 상, 중, 하의 3품으로 나누어 이들이 각각 양명(養命), 양성(養性), 치병(治病)의 기능을 갖고 있다고 하였다. 최고 상품(上品)의 약은 불로장생약이다.

『본초강목』은 1590년 이시진(1518~1593)이 간행하였는데, 그전까지 본초서가 대개 3품으로 분류하던 도교의 영향을 벗어나지 못하고 있었는데 반해 이시진은 광물, 동물, 식물로 분류하여 보다 자연분류법에 접근하였다. 이시진에 의해 약품 중심이던 중국의 본초학은 비로소 박물학 비슷한 단계에 들어서게 되었다.

제7장 고대 인도의 과학

기원전 3000년에 인더스 강 유역에 바빌로니아 문명과 비슷한 수준의 문명이 발달하였다. 기원전 1500년에 아리안족이 인도를 지배하면서 사제계급(Brahman)을 비롯한 4계급을 가진 계급사회를 건설하였다. 기원전 500년까지에는 인도에는 그 전 수백년간에 걸쳐 사용된 여러 가지 종교적 글(신을 찬양하고 복을 빌며 재앙을 물리치기 위한 노래나 시)이 여러 가지 베다(Veda) 문학으로 정착하였다. 앎을 뜻하는 베다(Veda)라는 말이 붙은 작품은 릭-베다(Rig-Veda)를 비롯한 4가지가 알려져 있다. 자연 현상을 모두 신이라고 보는 다신교적 경향을 가진 이들 작품 속에서 우리는 달, 별, 태양 등의 숭배를 볼 수 있다.

불교는 기원전 6세기 석가모니에 의해 시작되었는데, 브라만교에 대한 여러 반대 운동 중의 하나였다. 불교의 자연관은 인도 고대 자연관을 많이 계승하였으며, 중국과 우리나라에 불교가 막대한 영향을 미쳤다. 그러나 우리나라의 전통적인 자연관에 인도의 사상이 어떤 영향을 끼쳤는지는 지금 거의 모르고 있는 상태이다. 그것은 불교의 자연관과 고대 인도의 자연관에 대해 아직 이렇다 할 과학적 이해가 없기 때문이다.

1절 | 고대 인도의 원자설

기원전 6세기 전 인도에서도 4원소가 널리 인정되었는데, 땅(地), 불(火), 물(水), 바람(風)이 4원소이다. 힌두교파들은 4원소에다 아카사(akasa)라는 제5원소를 추가하였는데, 그리스의 아리스토텔레스가 갖고 있던 제5원소(ether)와 통하는 생각이었다. 불교는 아사카를 인정하지 않고 4원소만을 인정하였는데 기원전 6세기 석가모니가 브라만교에 대한 반대 운동으로 발흥하였다. 각각의 원소는 아누(anu) 또는 파라마아누(paramaanu)라는 더 이상 나눌 수 없는 알맹이로 되어 있다고 생각하였는데, 이는 그리스의 원자(atom)와 맞먹는 생각이었다.

불교도들은 여기에 시간적인 원자성을 보태어 원자는 최소의 공간을 차지하는 물질의 최소 단위일 뿐 아니라 시간의 최소 단위 동안만 존재한다고 하였다. 즉, 하나의 원자는 최소 시간동안 존재하다가 사라지고 그때의 여건에 따라 다른 원자가 나타난다는 것이다. 이것은 끊임없이 변화하는 현상의 덧없음에 착안한 불교적 원자론이다.

2절 | 고대 인도의 우주관

인도인의 우주관은 바빌로니아, 그리스의 천문학에서 영향을 받았다. 그리스인들은 우주를 폐쇄된 영원한 것으로 생각하였으나, 인도인들은 끊임없이 변하며 흥망을 반복하는 무한한 세계로 생각하여 우리가 살고 있는 세계 밖에도 또 더 많은 우주가 있다고 하였다. 인간의 우주는 21개 부분으로 나뉘어져 있는데 지상에는 6개의 하늘이 있고 지하에 14단계의 세상이 존재하며 위로 올라갈수록 더 아름다운 세계이며 밑으로 갈수록 고통의 세계라고 믿었다. 고대 인도인들은 땅은 무한히 넓은 평면이라고 생각하였고, 그 중심에 메루(Meru)산이 있고 그 산 둘레에 4개의 대륙이 있다고 믿었다. 메루산은 또한 수메루(Sumeru)산으로도 알려져 있는데, 실제로는 히말라야산맥을 뜻한 것으로 보인다. 불교에 의해 이런 생각은 약간 수정되어 중국을 통해 우리나라에도 전파되었다.

인도인들은 정확한 제사의 날짜를 알기 위해 달력을 발달시켰는데, 베다(Veda) 문학 속에 1년을 12개월 또는 13개월로 섞어서 쓰는 태음력을 사용한 기록이 있다. 고대 인도인의 한해는 우리 기준으로 치면 봄에 시작했고 2달을 1계절로 나누어 1년을 6계절로 보았다.

바라하미히라(Varahamihira, ?~587)는 천문대를 만들고 하늘을 관측한 학자로 알려져 있다. 그는 5세기까지 나와 있던 이집트 · 그리스 · 로마 · 인도 등 5개의 천문학 논문에 주석을 붙인 천문학의 해설서인 《다섯 편의 천문학 논문》(550)을 저술했다. 그 중 1개만이 베다의 전통에 의한 인도 전래의 천문학 논문이고, 나머지 4개는 모두 그리스 등 서양 천문학 논문이었다. 이것만으로도 고대 인도의 천문학은 서양 천문학의 영향이 매우 컸었다는 것을 짐작할 수 있다.

별들의 위치는 달이 적도상에서 하루에 움직이는 거리를 기준으로 하여 28월궁(lunar mansion)으로 나누었는데 이것은 중국인들이 28숙(宿)이라 부르던 것과 같은 생각이다. 또한 인도인들은 지중해와 중국에서와 마찬가지로 7개의 행성(태양, 달, 화성, 수성, 목성, 금성, 토성)을 인정하였고, 그 외에 라후(Rahu)와 케투(Ketu)라는 또 다른 2가지 행성이 있다고 생각하였다. 이 두 행성은 우리 눈에는 보이지 않는 별이어서 그것이 달을 가리면 월식이 된다고 설명하였다. 불교가 중국에 전파되면서 이 상상의 행성은 라후(羅喉)와 계도(計都)라는 이름으로 중국에 전파되고 우리나라에도 수입되었다. 그러나 이것이 우리나라의 옛 우주관에 큰 자취를 남긴 것 같지는 않다.

또 그리스인들의'하늘의 운동은 완전한 원 운동이다'라는 것 외에 타원 운동의 가능성도 인정하였다. 아리야바타(Aryabhata, 476~550)는 지구자전설과 공전설을 주장하였는데, 그리스의 아리스타커스의 지구자전설 및 공전설과 비슷한 것이다. 그러나 아리스타커스와 마찬가지로 그의 주장은 주의를 끌지 못하였다.

3절 | 고대 인도의 과학

1. 수학

그리스의 수학은 기하학 중심으로 발달하였으나, 인도의 수학은 대수학 중심으로 발달하였다. 6세기 말 인도에서는 '0'을 발견했고, 12세기에 무한대의 개념을 알아내었다. 6세기까지는 인도인들도 로마나 그리스 등에서와 같이 10이나 100 또는 1000 등의 수에 각각 다른 부호를 사용하여 숫자를 표시하였다. 그러나 늦어도 595년부터는 '0'을 써서 큰 숫자를 간단히 표시하는 오늘날 우리가 쓰는 방식이 인도에서 사용되었던 것을 알 수 있다. 물론 '0'의 사용법은 고대 마야(Maya)문명이 이미 발견하고 있었으나, 그것은 밖에 전해지지 않고, 오늘날 우리가 쓰는 '0'의 사용법은 인도에서 비롯된 것이다. 무한대의 개념은 12세기 바스카라(Bhaskara, 1114~?)가 알아내었는데, 그는 어떤 수를 '0'으로 나누면 무한대라는 값이 나온다는 사실을 수학적으로 증명하였다. 또한 무한대는 그것을 아무리 나누어도 무한대라는 사실을 밝혀주어서 수학의 범위를 크게 넓혀 주었다.

2. 의학

고대 인도의 원시적 의학은 베다(Veda)문학 속에 단편적으로 표현되어 있다. 그러나 기원후부터는 히포크라테스나 갈렌의 의학과 비슷한 의학 체계가 인도에도 세워지고 있었다. 요가와 같은 육체의 단련은 필연적으로 인체의 생리적 구조에 대한 관심을 높혀 주었고 인도의 의학은 서양과의 교류 속에 성장하였다. 인도는 다른 사회에서나 마찬가지로 의사는 사회적으로 우대받았고, 그들은 의술을 도제(徒弟)관계로서 계승하였다. 인도인들은 그리스인들과 마찬가지로 3체액설을 갖고 있었다. 3가지 체액은 룸(공기), 트리파(담즙), 베이컨(점액)인데, 이 3체액이 몸 안에서 균형을 이루면 건강하고 그렇지 못할 때 병이 난다고 하였다.

인체는 5가지 기능을 가지고 움직인다. 목구멍은 말하는 기능, 심장은 숨쉬고 음식을 받아들이는 기능, 위장은 음식을 소화하여 섭취하는 기능, 배는 배설과 생식의 기능, 전신은 피와 신체를 움직여주는 기능이라고 하였다. 소화된 음식은 간에서 피가 되고 그 피의 일부는 살, 뼈 등이 되고 일부는 힘으로 바뀐다. 이 과정이 완료되는 데에는 30일이 걸린다. 그러나 뇌의 기능은\ 이해 못 한 채 심장을 인간의 사고 본부라고 잘못 판단하였다.

인도에서도 연금술은 조금 발달하였지만 연금술로서 보다는 불로장생의 약을 만드는데 보다 큰 노력을 기울였다. 연금의 기술이 영약(靈藥), 미약(媚藥), 독약과 해독제 등을 만드는데 더 널리 활용된 것이다. 또한 불로장생의 약을 만들려고 노력하였는데, 수은은 액체 금속으로서 "영원한 젊음"의 원천으로 믿어져 많이 사용되었다. 특이한 사실은 서양이나 중국의 연금술에서는 수은을 여성으로 보았던데 반해 인도에서는 수은을 남성으로 보았다. 연금술이건 연단술(練丹術)이건 인도의 그것은 아랍이나 중국의 발달에는 미치지 못하였다.

제8장 아랍의 과학

회교도들은 모하메드, 즉 알라(Allah) 신의 예언자가 나타나기 전의 역사를 '무지의 시대' 라고 부른다. 모하메드(Muhammad, 571~632)는 메카에서 상인의 아들로 출생하였는데, 여행을 통해 기독교와 유태교의 영향을 받아 자신을 예언자라고 자각하였다. 그는 강력한 일신교(一神教)를 주장하여 오늘날까지 아랍국을 지배하는 사상이 되었으며, 강력한 포교활동으로 중앙아시아에서부터 스페인까지 정복하였다. 찬란한 아랍 문명은 이런 판도 속에서 모든 서로 다른 전통이 한 곳으로 모여져서 가능케 되었다.

1절 | 유산의 흡수

회교사회의 세습 군주는 661년 우마야조(Umayyad朝)가 다마스커스에서 시작되었는데, 이 당시에는 과학적 업적이 거의 없었다. 749년 아바스조(Abbasid朝)에 학문이 크게 발달되었고, 10세기부터 회교 문명권은 3분되었는데, 이것은 과학 연구를 확산시키고 과학의 진보를 촉진시키는 계기가 되었다. 카이로에 파티마조(Fatimid朝, 909~1171), 스페인에 우마야조(Umayyad朝)의 후손이 929~1031년까지 지배하였고, 다마스커스의 아바스朝가 존재하였는데, 아랍의 르네상스라고 할 학문의 부흥은 아바스朝의 초기 몇 백 년 동안 발달하였다.

아바스왕조의 2대왕 알-만수르(Al-Mansur, 754~775)는 왕조를 통일하고 많은 학자들은 수도 바그다드로 끌어 모았다. 그 가운데 인도 천문학자도 있어서 인도의 천문학이 아랍어로 번역되었다. 5대왕 알-라시드(Al-Rashid, 785~809)는 그리스 책을 수집하였고, 7대왕 알-마문(Al-Mamun, 813~833)은 번역 사업을 부흥시켰다. 그는 또한 830년 대학, 도서관, 연구소, 번역센터 등의 역할을 수행하는 집현전인 지혜의 집(Dar al Hikhma)을 만들어 그리스 학문의 번역에 주력하였다. 이 당시 번역의 일인자로 알려진 후나인 이븐-이샤크(Hunayn ibn-Ishaq, 809~873)는 플라톤과 아리스토텔레스의 작품과 히포크라테스, 갈렌의 의학 논문도 번역하였다. 갈렌(Galen)의 해부학책은 아랍 번역서만이 있고 그 원전은 전하지 않는다. 이러한 대규모 번역 사업이 폭넓은 새로운 지식을 가져다주어서 아랍에 독자적인 과학이 발달하게 되었다.

2절 | 아랍의 과학

1. 수학

영어의 대수 'algebra'는 아랍어에서 유래되었는데, 알-크와리즈(Al-Khwarizmi, 780~850)의 방정식을 설명한 책의 아랍어 제목에서 따온 단어가 'algebra'이다. 산술이라는 'algorism'도 그 어원은 이 사람의 이름에 두고 있다. 인도에서 발달한 '0'을 처음으로 아랍 세계에 수입하고, 그것을 유럽에 전파하여 계산 방식에 혁명적 변화를 일으켰다. 그 전까지는 산술이란 많은 훈련을 거쳐야만 해낼 수 있는 기술에 속했지만 이제는 누구라도 쉽게 셈을 해낼 수 있게 되었다.

2. 천문학

이스탄불에 세워진 천문대

아바스왕조 7대왕인 알-마문(Al-Mamun)은 아랍어로 번역된 인도 천문학과 그리스 천문학을 바탕으로 바그다드에 천문대를 설치하여 천문학을 발달시켰다. 알-바타니(Al-Battani, 858~929)는 천체 관측을 위한 기구를 마련하여 달의 궤도를 계산하고 세차를 계산하였는데, 41년간 천체 관측 후 천체의 운동을 예측할 수 있는 천문 계산표를 작성하였다. 이븐 유니스(Ibn Yunis, ?~1009)는 과거 2백 년의 관측 결과를 바탕으로 '하킴 천문표' 를 작성하였다.

3. 광학

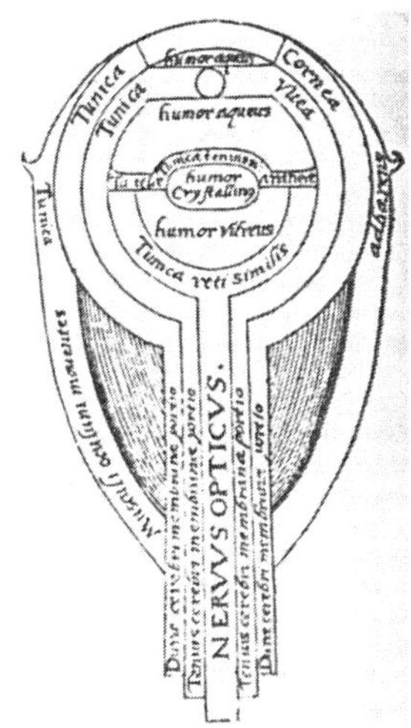

알-하이삼의 눈의 구조에 대한 연구 그림

알-하이삼(Al-Haitham, 963~1039)은 아랍 지방이 덥고 건조한 사막이기 때문에 눈병이 많았으므로 눈의 구조에 관심을 갖고 연구해 렌즈의 이용에 이론적 근거를 마련하였다. 유클리드 등은 우리의 눈이 광선을 물체에 보내면 그 광선이 반사하여 우리 눈에 돌아와서 우리가 그것을 볼 수 있다고 생각하였으나, 알-하이삼은 제3의 광원으로부터 받은 빛을 물체가 반사하여 우리 눈에 들어온다고 하였다.

4. 연금술

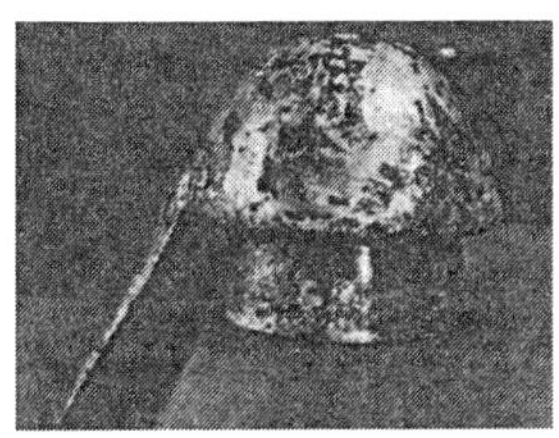

연금술에 사용된 유리 증류기

자비르 이븐 하얀(Jabir ibn Hayyan)은 라틴명으로 게베르(Geber, 721~776)로 알려져 있는데, 그는 중세 연금술의 시조였다. 인간이 영혼과 육체의 결합으로 되어 있듯이 자연물도 영혼과 육체가 섞여 있다고 믿었다. 휘발성인 것이 자연물의 영혼에 해당하고 휘발하지 않는 부분이 육체라는 것이다. 또 그는 모든 금속은 수은과 유황의 증기가 배합되는 비율에 따라 생겨난다고 생각했다. 또 그리스의 4원소설과 4원성설도 계승되어 금속이란 이 4원소와 4원성이 서로 다른 비율로 섞여있는 것이라고도 믿었다. 이런 전제 조건 아래에서는 금 또는 은 같은 귀금속을 만든다는 것은 바로 금속의 원소 구성과 원성 구성의 비율을 바꿔 주기만 하면 될 것 같이 보였다. 여기에서 제일 큰 과제는 한 가지 성질만을 가진 원소들을 만들어내는 일이었다. 1원성만을 가진 원소를 나쁜 금속과 필요한 만큼 결합시키면 귀금속이 될 것으로 믿었다. 1원성만을 가진 원소를 알－익시르(al－iksr)라고 하였는데, 이 단어를 영어로 번역하면 elixir(금을 만들어 주는 약)가 된다. 이러한 허황된 전설 속에서도 우리는 정밀 과학의 싹을 엿볼 수 있는데, 아랍 연금술사들은 천평을 써서 정밀한 무게를 재어가며 실험하였고, 필요상 끊임없이 증류와 정제 등을 거듭하면서 결과적으로는 오늘날 화학의 기초가 되는 기술과 도구를 크게 발전시켰다.

5. 의학

이슬람 사회에서 의학은 크게 발달하였는데, 큰 병원을 세워 입원실, 수술실, 진찰실, 목욕실, 식당 등을 완비하였다. 또한 의사가 되기 위한 일종의 국가 자격 시험을 실시하여 오늘날 의사 면허 제도의 효시가 되었다.

900년까지 아랍 의학은 번역을 통하여 그리스와 인도 의학을 완전히 수용하였다.

알－라지(Al－Raz, 865~923)는 『포괄적인 책(comprehensive Book)』 20권을 저술하였는데, 이 책에는 그리스, 인도, 아랍 의학의 알맹이를 모아 놓았다. 이븐－시나(Ibn－Sina, 980~1037)는 이슬람세계의 아리스토텔레스라고 불릴 만큼 학문에 깊은 관심을 가지고 있었는데, 의학에서는 『의학전범(Canon of medicine)』을 저술하여, 이 책에서 맥을 짚어 환자를 진찰하는 방법을 소개하였다. 그는 또한 최초로 정신, 신경병에 대해서도 기술하였다. 예를 들면, 상사병의 증상은 체력이 감퇴하는 여러 가지 만성질환이라고 하고 치료법은 꿈에도 그리워 못 견디는 상대와 결혼시키는 것이라고 하였다.

갈렌의 권위는 아랍학자들에 의해 도전받기 시작하였다. 이븐 알-나휘스(Ibn al-Nafis, 1210~1288)는 심장에 좌우를 서로 통하는 작은 구멍이 있다는 갈렌의 주장은 잘못되었다고 하였다. 그는 우심실의 피는 허파를 거쳐 좌심실로 옮겨진다는 피의 소순환을 주장하였다.

이븐-루시드(Ibn-Rushd, 1126~1198)는 『일반의학』을 저술하였는데, 이 책은 해부, 생리, 병리, 진단, 위생 등을 광범위하게 기술한 종합 의학서이다. 그는 눈의 망막의 기능을 제대로 이해한 첫 의학자이고, 또 천연두는 한 번 앓은 사람은 다시 걸리지 않는다는 사실을 발견하였다.

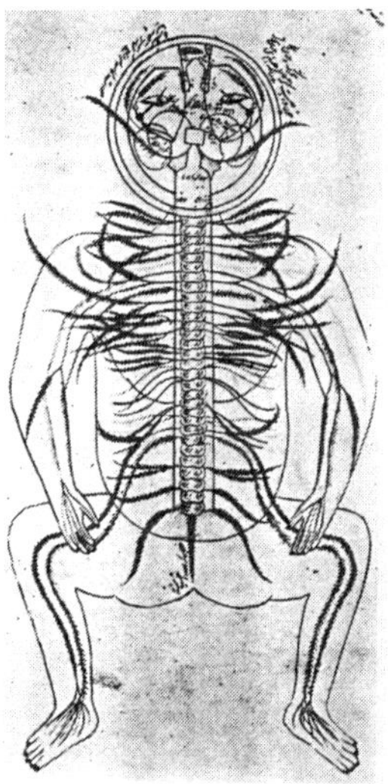

이븐-루시드의 혈관 해부도

3절 | 아랍 과학의 역사적 의의

아랍 과학은 고대 중국과 인도의 동양 과학과 그리스의 서양 과학 등 여러 과학을 흡수해서, 이것들의 수준을 더욱 높이고, 서구로 넘겨주었다는 점에서 역사적 의의가 있다. 따라서 아랍 과학은 근대 과학의 어버이라고 할 수 있다.

아랍 과학이 대두한 시기는 770년이고 아랍 과학의 전성시대는 800~1200년 사이인데, 이 시기 유럽은 중세 과학의 암흑시기였다. 1200년 경 르네상스가 일어나면서 1200~1600년 사이에 아랍 과학이 유럽으로 이동하였고, 1543~1687년 사이에 일어난 과학 혁명으로 유럽에서는 근대 과학이 발전하였다. 1600~1945년 시대는 유럽 과학의 전성기였고, 1945년 제2차 세계대전 후 21세기 초 지금 현재까지는 미국 과학시대라고 할 수 있다.

9세기 말부터 아바스왕조는 쇠퇴하여 아랍 과학의 중심지는 바그다드에서 다른 곳으로 이동하였는데, 아바스왕조 영토는 분열하여 중앙아시아에서 북아프리카에 걸쳐 몇몇 아랍 국가가 탄생하였다. 10세기 전후의 아랍 세계는 부하라, 바그다드, 카이로, 코르도바의 네 중심지에서 거의 동시에 과학이 발달하였는데, 이 시기를 아랍의 르네상스라 할 수 있다.

4절 | 동양 과학과 서양 과학의 차이점

서양에서 근대는 르네상스 이후 시작되었으나, 동양에서 근대는 '개국'을 시작으로 삼는다. 중국은 1842년 청나라가 아편 전쟁에서 패배한 이후 개국하였고, 일본은 1854년 도쿠가와막부 때 미국 군함(페리호)에 의해 개국되었으며, 한국은 1876년 조선 왕조 때 개국되었다. 이 동양 3국의 개국은 힘에 의해 강요된 개국이었다는 공통점이 있다. 즉, 동양은 서양의 과학 기술 앞에 굴복하여 개국할 수밖에 없었는데, 바로 이것이 동양 근대사의 시작이었다.

서양은 르네상스가 일어난 17세기 이후 과학 기술이 눈부시게 발전되었으나, 동양은 그렇지 못한 결과 19세기 이후에는 급격하게 과학 기술이 차이가 났다. 이처럼 19세기에 와서 갑자기 동·서양 과학 기술이 차이가 난 이유는 무엇일까? 왜 근대 과학은 서양에서만 크게 발달한 것일까? 이 의문은 과학사의 문제가 아니라 세계사의 큰 의문이다.

1. 서양에서 근대 과학이 발전하게 된 배경

르네상스 이전의 서양의 과학 기술 수준은 같은 시대 동양과 비슷하였다. 그러나 서양은 16~17세기에 일어난 과학 혁명에 의하여 놀라운 발전을 거듭하였다. 서양의 과학 혁명은 그리스 이래의 지적 전통, 즉 그리스 시대에 발달했던 논리적 사고와 그것이 낳은 기하학적 모델과 수학적 자연관이 중세 이후 나타난 실험 정신과 결합하여 나타났다.

그렇다면 과학 혁명은 왜 중세 1000년 이상을 잠자다가 17세기에서야 일어났는가? 여기에는 몇 가지 역사적 요인이 있다.

① 그리스가 멸망하면서 그 전통은 로마에 의해 제대로 계승되지 않았고 모두 아랍 세계로 전파되었으나 12, 13세기에 다시 유럽으로 재수입되었다.

② '12세기 르네상스'가 자극해서 일어난 아리스토텔레스 자연관과 우주관에 대한 도전의 결과이다.

③ 과학 혁명은 중세의 신을 지상에서 추방하였다. 신은 우주를 창조했을지 모르지만 그것을 계속 움직여 주고 있지는 않다. 즉 우주란 커다란 자동 시계와 같아서 한 번 만들어 놓으면 계속 저절로 움직인다는 '기계론적' 우주관이 등장하였던 것이다. 신 → 인간 → 자연의 상하 관계에서 신이 물러간 자리에는 인간과 자연의 관계만이 남게 되었고, 여기서 서양은 인간 중심적 경향(휴머니즘)을 낳고 자연 정복의 길(과학 기술)에 발 벗고 나설 수 있었다.

2. 서구 과학 전통의 특징

중국 전통 과학에서 볼 수 없는 서구 과학 전통의 특징은 크게 3가지로 설명할 수 있다. 기하학적 모델을 이용한 자연의 설명, 인간과 자연과의 관계, 자연 현상에 대한 사고방식의 차이점이 그것이다.

① 동양의 천문학은 계산을 통한 천문학이었지 기하학적 모델에 의한 것이 아니었고, 그 때문에 하늘의 모양이 어떻게 되었건 상관없다는 태도를 그 밑에 깔고 있었다. 동양(중국)은 서양보다 안정된 사회에서 끊임없는 천체의 관측을 통해 막대한 데이터가 수집됐고 그것은 상당히 발달한 계산 기술에 의해 계산되어 천체의 운동은 정확히 예측하였다.

② 신 대신 인간의 이성을 믿기 시작한 17세기 이후의 서양인들은 자연을 인간의 이성이 정복할 대상으로 파악하기 시작했다. 그러나 동양에서는 인간은 '만물 가운데' 에서 으뜸일 뿐이지 '만물 위에' 군림한다는 뜻은 아니었다. 동양에서의 인간과 자연은 차라리 수평 관계에 있었다. 이 관계에서는 '자연의 정복' 이란 생각은 나오기 어렵다. 자연은 공생의 대상일지언정 정복의 대상은 아니었기 때문이다. 즉, 서양에서는 인간이 자연 위에 군림해야 한다고 믿어졌지만 동양에서는 인간과 자연은 조화의 대상으로 파악하였던 것이다.

③ 서양의 그리스 과학은 자연 현상을 모델로 만들어 설명하려는 데 그 특징이 있다. 자연 현상에서 관찰할 수 있는 약간의 불규칙성을 무시한 채 하나의 이상적 상태를 가정하여 그 모델로 자연을 설명하려 했던 것이다. 인간과 자연을 둘로 딱 나눠놓고 자연 현상도 분석적으로 들여다보아 어떤 특성을 기준으로 삼아 인위적 분류를 강행했던 것이다. 반면에 동양에서는 이와 같은 모델의 설정은 바람직하지 못한 것으로 보아왔다. 왜냐하면 모델이란 항상 부분만을 설명하려는 노력일 뿐 전체의 이해에는 미치지 못하기 때문이다. 동양인들은 부분에서 찾아낸 지혜를 전체에 응용하는 것은 옳지 않다고 보았으며 항상 부분보다는 전체를 생각했고 추상보다는 구체적인 것을 얘기하려 했다.

그러면 이런 사고방식의 차이는 어디서 온 것일까?
수천 년에 걸친 단절된 두 지역의 역사 경험이 이와 같은 사고 구조의 차이를 낳았을 것이다. 이들 두 지역의 역사가 어떻게 서로 다르게 전개되어 왔는지는 간단히 말할 수 없는 일이다.

동양과 서양은 서로 다른 역사의 흐름 속에 서로 다른 이상을 그려가며 서로 달리 노력해 왔다. 역사적 조건에 따라 서로 다른 특징을 가졌을 뿐, 서양의 부분적이고 기계론적인 자연관이나 동양의 유기체적인 자연관은 모두 인류가 누려야 할 유산이다.

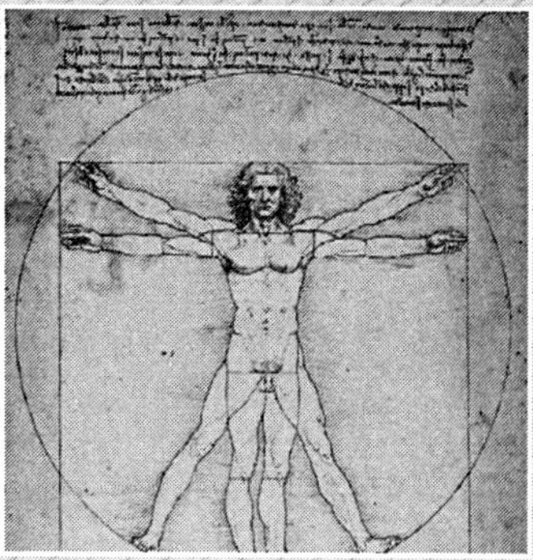

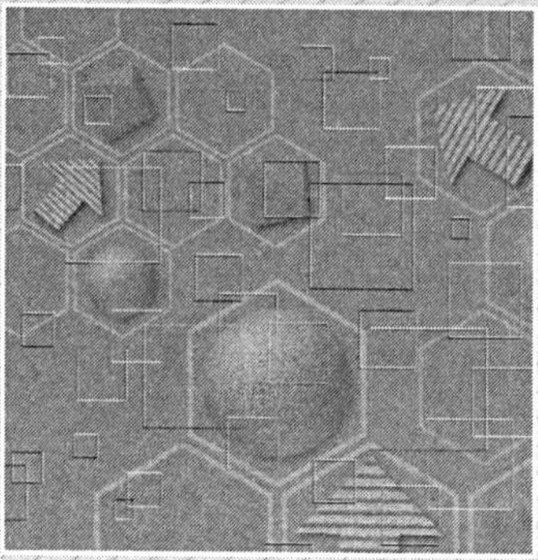

Comprehension of Science History

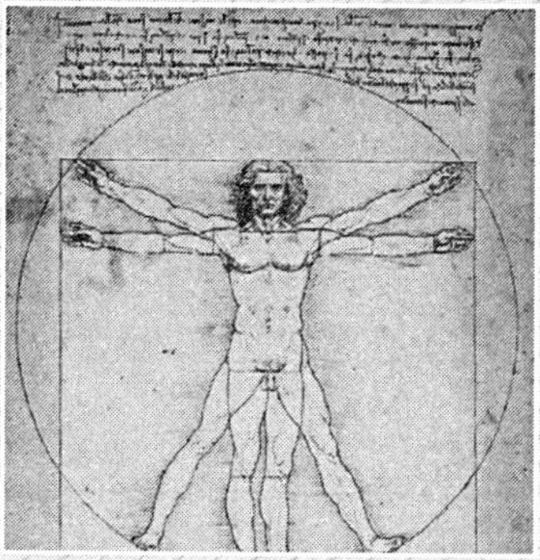

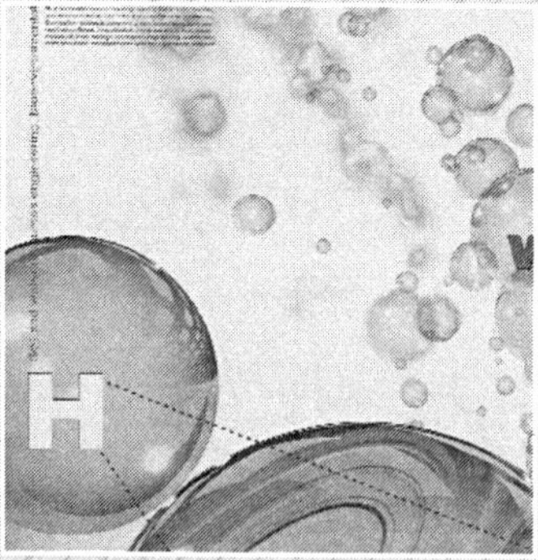

과학사 이해

제 4 부

중세에서 근대까지의 과학

제9장 과학 혁명

과학 혁명이라는 용어는 1943년 프랑스 과학사가인 알렉상드르 코레(Alaxandre Koyre, 1892~1964)가 처음 사용하였는데, 왜 혁명이라고 하는가? 기존 체제 안에서의 점진적인 발전이 아니라 낡은 과학이 완전히 다른 새로운 구조의 과학으로 대치되었기 때문이다. 근대사가 버터필드(Herbert Butterfield, 1900~1979)가 '과학 혁명'의 중요성을 인식하였는데, 그는 '과학 혁명'이야 말로 '르네상스'나 '종교 혁명'과는 다른 서양 사상의 가장 큰 혁명이었다고 하였다. '르네상스'란 중세적 정신의 표현에 불과하고 '종교 개혁'이란 기독교 전통 내부에서의 작은 변화였던데 비해 '과학 혁명'은 기독교 발생 이래 서양사에 있었던 최대의 사건이었다.

1절 | 과학 혁명의 배경과 정의

1. 과학 혁명의 배경

중세에 있어 지식의 목표는 영원한 진리를 명상하는 것이었는데, 지식은 신에 의해 계시되는 것으로 인간은 이를 수동적으로 받아들이면 그만이었다. 즉, 지식은 고정된 것이며 확장의 개념은 없었다. 그러나 베이컨(Francis Bacon)은 지식의 목표는 명상이 아니라 행동이라고 함으로써 과학의 새로운 목표를 제시하였다. 즉, 지식은 소극적으로 받아들이는 것이 아니라 행동을 통해 획득하는 것으로 되었다. 그가 강조한 '힘으로서의 지식'은 물질적 편익과 인류의 복지에 기여하는 지식을 가리키는 것이다. 따라서 인간은 구경꾼으로부터 자연의 주인으로 탈바꿈하는 계기가 마련되었다. 이같은 지식관, 자연관의 변화가 과학 혁명의 주요한 배경을 이루고 있다.

고대 및 중세 과학은 아리스토텔레스의 테두리 안에서 발전되었는데, 이 아리스토텔레스의 권위를 파괴한 것이 과학 혁명이었다. 아리스토텔레스의 체계는 논리적 이론을 이루고 있다. 즉 전체로서의 정합성(整合性) 때문에 세부적인 것에 의문을 품기 어려우나 어느 한 부분을 문제 삼으면 전체가 딸려오는데, 이것이 강점이자 약점이었다. 아리스토텔레스의 파괴, 즉 과학 혁명은 천문학에서 시작되는데 코페르니쿠스(N. Copernicus)가 저술한 『천구의 회전에 관하여』는 아리스토텔레스 우주론의 한 부분을 의심하는 데 불과하였다. 그러나 이 부분 공격에 성공하자, 아리스토텔레스과학의 전체 구조에 결정적인 영향을 주었다. 코페르니쿠스가 준 충격은 마치 잔잔한 호수에 떨어진 돌의 파문이 전 수면에 번져가듯 역학, 광학, 생리학 등 각 부분에 파급되었다. 이리하여 아리스토텔레스의 과학 체계는 전혀 새로운 체계로 대치되어 19세기까지 과학의 틀을 이루었다.

베살리우스의 「인체의 구조에 관하여」의 첫 페이지

과학 혁명의 기간에 대해 과학사가들의 의견이 분분하지만 대개 16, 17세기로 보는 것이 타당하며, 과학 혁명의 시작과 끝을 상징하는 두 해를 중요시하고 있다. 즉, 코페르니쿠스의 『천구의 회전에 관하여』와 베살리우스(Vesalius)의 『인체의 구조에 관하여』가 발간된 1543년을 과학 혁명의 시작이라 보고 있는데, 그 이유는 이 두 책이 물리과학과 생명과학에서 뒤따른 혁명의 불씨가 된 책이기 때문이다. 1687년 뉴턴(Newton)이 『자연철학의 수학적 원리』라는 책을 발간하였는데, 이 책에서 뉴턴은 갈릴레오, 데카르트, 케플러 등의 산발적인 업적을 종합하여 과학 혁명을 일단 완결지었다. 이 144년 동안 과학은 근본적으로 변혁을 치렀으며 주요한 전진은 17세기 중엽에 이루어졌다.

2. 과학 혁명의 정의

'과학 혁명' 의 정의에는 좁은 뜻의 정의와 넓은 뜻의 정의가 있다. 좁은 뜻으로는 코페르니쿠스가 1543년 『천구의 회전에 관하여』라는 책을 발간함으로서 시작되어 17세기에 완결을 보는 천문학적, 물리학적 혁명과 그것이 불러온 지적(知的) · 사회적 변화를 가리킨다. 따라서 자연을 보는 태도에 근본적인 변화가 일어났다. 종교적이 아닌 세속적 태도였을 뿐 아니라 그에서 한 발자국 나아가 자연을 이용하여 거기서 인간이 필요한 힘을 얻을 수 있다는 생각까지 발전하였다. 자연을 이해하는 데에는 실험과 관찰을 계획적으로 행해야 하며 또 그렇게 하여 얻은 자연의 법칙성은 수학을 이용하여 표시되어야 한다는 지혜를 불러왔다. 이 모든 변화는 그 후 과학의 모든 분야에 급격한 혁명적 발달이 가능케 해주었다. 천문학, 물리학이 17세기에 근대화되었고, 화학은 18세기 말 라부아지에를 대표로 하는 '화학 혁명' 을 거쳐, 생물학은 19세기 중반 다윈의 진화론에 의해 각각 근대화를 완성한 것으로 해석되고 있다. 넓은 뜻으로는 17세기 이후 19세기까지에 일어난 몇 개의 과학 분야의 혁명적 변화를 함께 일러 말하는 것이며, 그에 부수한 지적 · 사회적 변화를 함께 의미한다. 더 넓은 의미에서 '과학 혁명' 은 오늘날 바로 이 순간에도 과학은 끊임없이 놀라운 변화를 계속하고 있고 그 변화들은 인간의 장래에 대해 예측 불허의 가능성을 갖고 있기 때문에 과학 혁명은 17세기 이후 지금까지 줄곧 계속되고 있는 셈이다.

사회적인 측면에서 볼 때 '과학 혁명' 은 과학자가 비로소 독립된 전문가로 나타나는 계기가 되었다. 18세기까지도 과학이란 말은 '자연철학

(natural philosophy)' 으로 알려져 있었고, 19세기에 들어와서야 '과학(science)' 이란 말로 바뀌었다.

2절 | 과학 혁명의 중요성과 특징 및 해석

1. 과학 혁명의 중요성

영국의 근대사가인 버터필드(H. Butterfield)가 과학 혁명의 중요성을 인식하였다. 르네상스는 종교 개혁과 비교된다. 르네상스는 잃어버린 그리스, 로마의 고전을 회복하려는 운동이었으므로 근대보다는 중세에 속한다고 보아야겠다. 더욱이 르네상스 휴머니스트들은 레오나르도 다빈치를 제외하고는 과학에 관심이 없었다. 종교 개혁은 종교계의 큰 변화임에 틀림없으나 새로운 종교의 탄생은 아니며 잊혔던 원시 그리스도교로 돌아가자는 것이었다.

종교 개혁의 주역인 루터(Martin Luther)와 멜란히톤(Melanchton)은 둘 다 코페르니쿠스에 반대했고 과학에 대한 이해가 부족하였다. 이렇게 르네상스와 종교 개혁은 과거 지향적인데 비해서 과학 혁명은 과감히 전통과 결별하고 전진적인 자세를 취했으므로 근대는 과학 혁명과 함께 시작된 것이다. 따라서 버터필드의 말처럼 과학 혁명은 서양 사상 가장 큰 혁명으로서 그리스도교가 일어난 이래 모든 것들의 빛을 잃게 했으며, 르네상스와 종교 개혁을 중세 그리스도교 체제 안에서 일어난 한 에피소드 또는 작은 내적 변이에 불과한 것으로 만들었다.

2. 과학 혁명의 특징

과학 혁명의 특징은 리차드(Richard)와 웨스트폴(S. Westfall)에 의해 정의되었는데, 이는 5가지로 요약할 수 있다.

① 경험에 의한 상식을 거부하고 추상적인 이성을 채택하였다. 즉, 상식적인 아리스토텔레스과학이 이성적인 플라톤과학으로 변화된 것이다.

② 질적인 것을 양적인 것으로 대치하였다. 이것은 과학이 수학화, 계량화되었음을 의미하는 것이다.

③ 기계로서의 자연 개념이 발전되었다. 이것은 목적론적, 유기체적 사고 대신 기계적, 인과론적 사고가 지배하면서 모든 현상을 물질과 그 운동에 의해 설명하려는 기계적 철학의 결과로 나타났는데, 뉴턴이 대표적 학자였다.

④ 새로운 과학적 방법이 발달하였다. 베이컨(F. Bacon)은 사실 수집에서 시작해서 일반화에 도달하는 귀납법을 주장한 반면 데카르트(R. Descartes)는 명쾌한 진리로부터 수학적 연추에 의해 결론을 얻는 연역법을 주장하였다.

⑤ 궁극적 설명을 버리고 즉각적 기술을 택했다. 즉, 왜(Why)가 어떻게(How)로 바뀐 것이다. 아리스토텔레스는 돌이 땅으로 떨어지는 이유는 그 속에 있는 형상(形相)이 고향인 땅으로 가고 싶어 하기 때문이라고 설명하였다. 그러나 갈릴레오는 무거운 물체가 왜 땅으로 떨어지는지는 모르며 알 필요도 없다. 단지 낙체가 떨어지되 어떻게 떨어지는가를 알아보는 가속도의 측정에 관심이 있었던 것이다.

3. 과학 혁명에 관한 해석

과학 혁명은 어떻게 해서 일어날 수 있었던가? 이러한 해석에는 두 가지 방법이 있는데 외적 접근과 내적 접근 방법이다.

1) 외적 접근(external approaches)

과학 혁명의 해석에서 외적 접근 방법은 미국 사회학자 모튼(R. K. Morton)이 1938년 저술한 『17세기 영국의 과학, 기술, 사회』에서 17세기 영국에서의 과학의 발전은 청교도주의(puritanism)의 가치관과 기술, 항해, 전쟁 등 당시의 사회적 요구에 말미암은 것이라고 주장함으로써 제기되었는데, 과학 혁명은 종교 개혁과 산업 혁명 자본주의의 부산물로서 과학사가의 역할은 사소한 지엽적 문제의 해결로 전락되었다. 외적 접근은 자본주의가 일어나면서 형성된 부르주아가 주동적인 역할을 해서 과학 혁명이 일어난 것으로 해석하는데, 이 경우 몇몇 개인이 담당한 몫은 전체적으로 볼 때 대수로운 것이 아니다.

2) 내적 접근(internal approaches)

과학 혁명의 해석에서 내적 접근 방법은 소르본 대학 철학 교수인 콰레(A. Koyre)가 1939년 저술한 『갈릴레오 연구』에서 과학 혁명은 외적인 조건과는 무관하게 근대 과학자들의 지적 태도의 변화의 결과 일어난 것이라고 강조하였다.

1940~1950년대는 내적 접근이 외적 접근을 압도하였는데, 내적 접근은 과학 혁명을 근대에 일어난 가장 중요한 역사적 사건으로 보므로 과학사의 비중은 매우 크게 되는 것이다. 내적 접근은 과학 혁명에 있어 소수의 천재들의 역할에 대해 결정적인 중요성을 부여한다. 즉 사회로부터 독립된 과학의 자율성이 강조되는 것이다.

3절 | 천문학의 선구자들

1) 코페르니쿠스(Nicolaus Copernicus, 1473~1543)

중세 후기에서부터 많은 학자들은 고대로부터 전해내려오는 우주상에 의심을 품고 새 우주상을 찾고 있었다. 코페르니쿠스는 그동안 관측된 혹성의 불규칙한 운동들을 설명하기 위하여 80여 개 이상의 원 궤도가 필요했는데, 그렇게 해도 운동은 완전히 설명되지 않았다. 코페르니쿠스는 모든 일을 완전히 할 수 있는 신이 이렇게 추한 우주를 만들었을 리는 없다고 생각했다. 그래서 그는 오랫동안 불신당해온 지구가 움직인다는 생각에 관심을 갖게 되었다. 그는 30년 동안 연구해서 마침내 34개 궤도를 갖고 프톨레미의 도식보다 더 완전하고 정확하게 설명할 수 있는 도식을 완성하였고, 이 내용은 『천구의 회전에 관하여』에 수록하였다. 코페르니쿠스는 그리스 시대의 지동설(地動說)에 자극 받아 자기 주장을 하게 되었다. 코페르니쿠스는 1543년 『천구의 회전에 관하여』를 출간하였는데, 이 책에서 그는 '태양은 세계 중심에 있으며 움직이지 않는다', '항성은 움직이지 않으며 종래 믿었던 것보다 훨씬 멀리 있다', '지구는 태양 둘레를 공전한다', '지구는 24시간에 한 번씩 지축을 중심으로 자전한다', '달은 지구 둘레를 돈다' 등의 주장을 하였다. 코페르니쿠스가 시작은 했지만 모자라는 부분은 브라헤(Brahe)에 의해 새로운 관측이 놀랄 만큼 이룩되었고 그것을 토대로 케플러(Kepler)는 혹성 운동을 타원 운동으로 설명할 수 있었다.

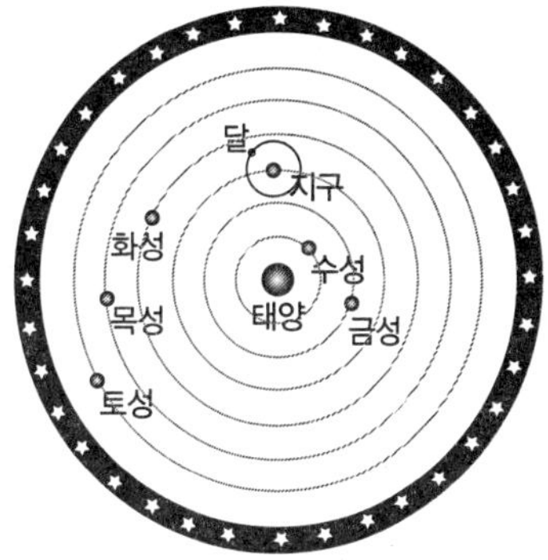

코페르니쿠스의 지동설

2) 브라헤(Tycho Brahe, 1546~1601)

브라헤는 코페르니쿠스와는 반대로 이론가는 못 되는 대신 탁월한 관측가였다. 그는 1572년 신성(新星, nova)을 발견하였는데, 그리스 이래 서양인들은 하늘은 완전한 세계여서 아무런 변화도 일어날 수 없다는 생각에서 헤어나지 못하고 있었는데 이 신성 발견은 '기적'으로 간주되면서 점차 아리스토텔레스의 사상이 파괴되었다. 그는 또한 1577년 혜성을 관측하였는데, 그때까지 혜성이란 달 표면 아래의 대기 중에서 일어나는 현상이라고 믿었는데, 브라헤는 그 혜성이 적어도 달보다는 더 멀고 화성보다는 가깝다는 사실을 증명하였다. 코페르니쿠스가 순전히 이론적 천문학으로 아리스토텔레스의 자연 체계에 반발하였다면 브라헤는 실증을 통해서 아리스토텔레스의 우주관을 근본적으로 뒤집어버린 것이다.

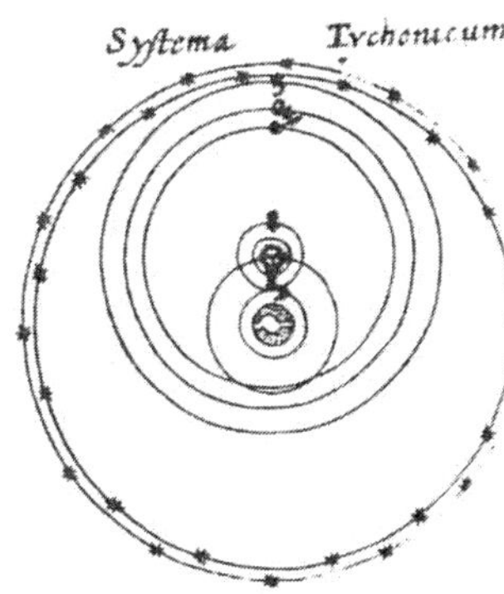

브라헤의 우주관

3) 케플러(Johannes Kepler, 1571~1630)

코페르니쿠스설을 믿고 있던 케플러는 브라헤의 20년간의 관측 자료를 이용하여 타원궤도설을 확립하였다. 그리스 자연관의 가장 큰 특징인 '원형에 대한 믿음', 즉 완전한 세계인 하늘은 원이며 모든 천체가 완전 원운동을 한다고 믿었는데, 이 이론은 중세까지 계승되어 코페르니쿠스와 브라헤도 천체의 원 운동을 믿었다. 케플러는 브라헤의 관측 자료와 혹성의 이론적 운동(원 운동) 사이에 모순이 있는 것을 해결하려는 노력을 하였다. 특히 화성 운동을 중심으로 연구한 그는 관측에 의한 운동에 맞는 화성의 궤도를 여러 가지로 고안해 보았으나 모두 완전히 일치하지 않았다. 즉, 여러 가지 원 궤도를 결합해 보았으나 실패하였다. 실패의 원인이 되는 오차란 관측의 잘못으로 돌려버릴 정도의 사소한 것이었으나 브라헤의 철저한 관측 기술을 잘 아는 케플러는 관측 결과만은 절대 믿을 수 있는 것이라는 결론 아래 70번이나 화성 궤도의 모델을 바꾸어 보았다. 그 결과 원 궤도를 버리고 타원 궤도를 이용하여 비로소 완성할 수 있었다. 천체가 원 운동을 한다고 할 때 그 이유는 설명할 필요가 없었다. 원 운동은 '자연적'이라는 믿음이 널리 퍼져 있었기 때문이다. 그러나 궤도가 타원이라고 할 때는 왜 다른 모양이 아닌 타원 운동을 하는지를 설명해야만 했다. 케플러는 태양이 계속적으로 천체에 어떤 힘을 작용하고 있는데, 이 힘은 자력 비슷한 그런 것이고, 그 힘이 거리의 제곱에 반비례하는 것으로 짐작하여 만유인력의 개념에 접근하였음을 알 수 있다. 그러나 그 올바른 관계를 수학적으로 밝혀내어 케플러의 수수께끼인 '왜 타원 궤도를 그리나?'를 해결한 것은 뉴턴이었다.

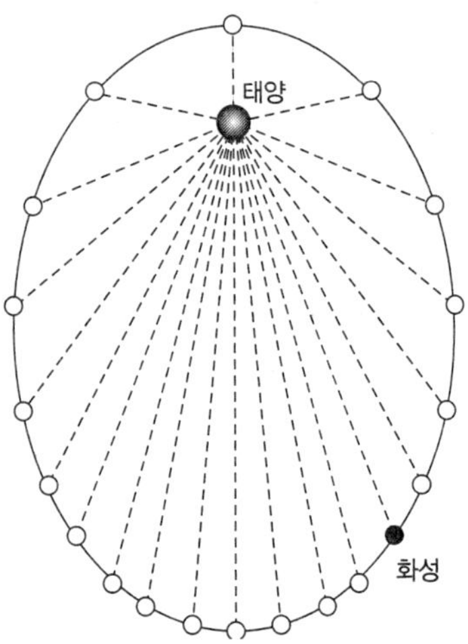

케플러의 화성 타원 궤도

4) 갈릴레이(Galileo Galilei, 1564~1642)

갈릴레이는 근대 물리학의 창시자로서 천문학과 역학에 탁월한 업적을 남겼다. 천문학에 관한 업적은 크게 망원경의 발명으로 인한 새로운 천체

갈릴레이의 초기 망원경

갈릴레이의 종교 재판

관측과 코페르니쿠스설을 지지하는 책을 지어 종교 재판을 받은 사건이었다. 1606년 갈릴레이는 스스로 망원경을 제작하여 천체를 관측하여 은하수가 무수한 별의 모임이며, 태양이 자전하며 그 위에 나타나는 흑점을 발견하였고, 금성은 달처럼 찼다 기울었다하는 현상(삭망 현상)을 관찰하였고, 목성에는 4개의 달(위성)이 있음을 관측하였다.

이 모든 발견은 아리스토텔레스 우주관의 종말을 가져오는 결정적 증거들이었다. 특히 망원경의 발명은 하늘은 완전하기는 커녕 불완전하고 변화 투성이라는 사실을 인간에게 제시하였고 우주유한론에 회의를 품기 시작하였다.

우주는 무한하고 지구란 한낱 작은 티끌에 비유할 만한 존재에 지나지 않는다는 브루노(Giordano Bruno, 1548~1600)의 주장은 중세 기독교 사상의 급소를 찌르는 위협적인 것이었다. 그래서 1600년 로마 교황청은 브루노를 화형시켰는데, 망원경의 발명은 브루노의 이단적 학설을 지지하게 되었다. 교황청의 보수파들은 1616년 갈릴레이에게 코페르니쿠스설을 지지해서는 안 된다고 명령하고 지동설(地動說)은 잘못된 이론이며 성서의 가르침에 어긋난다고 선언하였다.

갈릴레이의 『두 가지 세계상에 관한 대화』 첫 페이지

갈릴레이는 1632년 『두 가지 세계상에 관한 대화』를 출간하였는데, 한 사람의 사회자와 두 사람의 대립되는 의견을 가진 등장 인물이 토론하는 것으로 기술하였다.

이 책에서 그는 아리스토텔레스와 프톨레미를 대변하는 등장 인물이 우둔하고 토론 내용을 알지도 못하는 듯이 묘사하였고, 코페르니쿠스설의 대변자는 재치 있고 똑똑한 인물로 묘사하여 1633년 교황청으로부터 유죄 판결을 받았다.

4절 | 근대 역학의 선구자들

천문학은 우주의 구조를 연구하면서, 역학은 천체의 운동을 연구하면서 발달하였다. 천체의 운동은 완전한 원 운동이라는 그리스 이래의 선입관 때문에 운동에 대한 과학적 관심은 땅위의 운동에 대한 연구로 시작되었다. 근대 역학이 관찰 → 실험 → 정리의 세 단계로 발달했다고 볼 때 케플러(Kepler), 갈릴레이(Galilei), 뉴턴(Newton)이 각각 대표적인 인물이다.

1. 케플러(Kepler, 1571~1630)

케플러는 행성 운동에 관한 3법칙을 발견하였다.

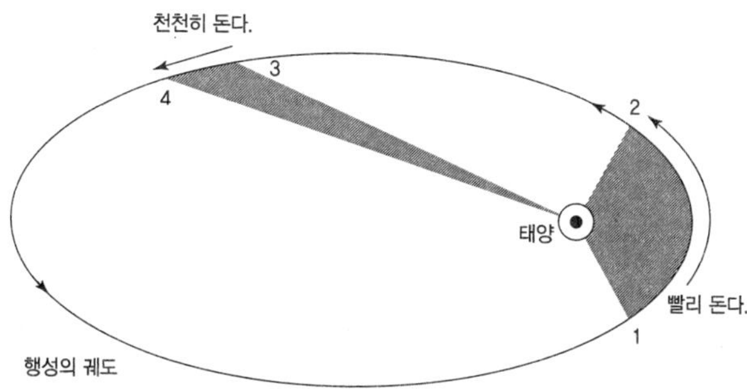

케플러의 행성 운동 법칙

① 제1법칙(타원 궤도의 법칙) : 모든 행성은 태양을 한 개의 초점으로 하는 타원 궤도를 따라 운행한다.

② 제2법칙(면적 속도 일정의 법칙) : 행성과 태양을 연결하는 가상 선분은 동일 시간에 동일 면적을 그린다.

③ 제3법칙(조화의 법칙) : 태양으로부터 각 행성까지의 평균 거리(a)의 세제곱은 행성의 공전 주기(T)의 제곱에 비례한다($a^3=KT^2$).

2. 갈릴레이(Galilei, 1564~1642)

이론적인 통찰과 과학적인 관찰로서 운동학을 창시하여 근대 물리학의 토대를 쌓았다. 1638년 『두 가지 신과학에 관한 논의』를 저술하였는데, 이 책은 갈릴레이역학이 집대성된 책이며 근대 물리학의 시조가 되었다. 그는 유체(流體)의 낙하법칙(落下法則), 진자(振子) 운동, 관성(慣性)의 법칙, 포물 운동, 운동의 상대성 등을 발견하였다.

① 유체(流體)의 낙하 법칙(落下法則) : 자유 낙하의 속도는 시간에 비례하며 증가하고 낙하 거리는 시간의 제곱에 비례한다.

낙하 속도 $V=gt$ (t : 시간)

낙하 거리 $y=\frac{1}{2}gt^2$ (g : 가속도, 9.8 m/sec^2)

② 진자(振子) 운동 : 진동의 주기는 진자의 길이의 제곱근에 비례하고 진자의 무게나 진폭과는 무관하다.

③ 관성(慣性)의 법칙 : 외부에서 아무 힘도 가하지 않으면 물체는 정지해 있거나 또는 등속도 직선 운동을 계속한다.

④ 포물 운동 : 등속도 직선 운동인 수평 운동+자유 낙하 운동(가속도 운동)인 수직 운동이다.

⑤ 운동의 상대성 : 일정한 속도로 같은 방향으로 움직이고 있는 배 안에서의 운동은 배가 지구 표면에 대해 하고 있는 운동과는 서로 상관이 없다. 즉, 지구의 운동이 지상에 있는 물체의 운동에 영향을 주지 않음을 증명하였다.

갈릴레이는 자연 현상을 수학화했다는 점과 그것을 계획적 실험을 통해 증명했다는 점에서 근대 과학의 연구 방법을 처음으로 실행한 과학자라고 할 수 있다.

3. 뉴턴(Newton, 1642~1727)

16세기 말까지도 세계를 크게 흔든 것은 코페르니쿠스이론 그 자체가 아니라 하늘에서 새로 발견된 많은 사실들이었다. 1572년의 신성 발견과 1577년의 혜성 발견으로 말미암아 하늘은 완전한 세계가 아니라 하늘에서도 이상한 불규칙적인 일들이 일어남이 증명되었다.

코페르니쿠스이론을 소화할 수 없는 사람들도 그동안의 낡은 우주관은 잘못되었음을 믿게 되었다. 어떤 사람들은 수정구란 있을 수 없으며, 태양과 항성, 행성들이 아무것에도 붙어 있지 않고 빈 공간에 떠다닌다는 것을 깨닫기 시작했다. 더 큰 지적 동요는 망원경으로 태양 흑점을 발견했고, 천체가 순수한 물질로 되어 있을 수 없음을 보여준 갈릴레오가 일으켰다. 천체의 운동에 대해서 갈릴레오는 관성의 이론을 주장하였는데, '어떤 물체가 일단 운동하면 왜 그것이 운동을 계속해야 하는지 설명할 필요가 없으며 그것은 어떤 것이 멈추게 하거나 느리게 또는 빠르게 하거나 방향을 바꾸게 할 때까지 운동을 계속할 것이다' 고 하였다. 당시의 사람들은 지상의 운동을 설명할 수 있다면 하늘의 운동도 설명할 수 있을 것으로 믿게 되었다. 즉 그들은 하늘에 있는 모든 것은 자체의 독특한 법칙을 따르는 특별한 종류의 물질로 되어있다는 낡은 견해를 버렸다. 그래서 갈릴레이는 지상의 운동과 하늘의 운동을 같은 법칙에 의해 설명하려 노력했다.

또한 중력의 문제에도 진전이 있었다. 중력이란 우주의 중심으로 운동하는 것이며, 지구, 태양, 달이 서로 독립적 중심으로 중력이 미친다. 중력은 태양, 달, 지구에만 작용하는 것이 아니라 물건의 모든 알맹이들 사이에 존재하는 인력도 같은 관계인 것으로 생각하였다. 17세기에는 이렇게 천체의 운동, 지상 물체의 운동, 그리고 중력의 원리에 관한 여러 가지 이론이 나왔다.

1665~1666년에 뉴턴은 이 문제들 각각에서 옳은 생각을 골라내어 종합하였는데, 천체들이 공간에 떠다니며 이것들과 물질들이 그 상대적인 질량에 의존하고 그 사이의 거리의 계급에 반비례하는 인력을 서로 미친다는 견해를 받아들였다. 즉, 근대적 관성 원리를 받아들여 행성들에 적용하였는데, 행성은 직선 운동을 계속하려 하지만 중력의 당김에 의해 구부려져 타원 궤도를 이룬다는 것이다. 또 달을 궤도에 잡아 두는데 필요한 당김은 사과를 땅으로 끄는 힘(=구심력), 즉 중력과 수학적으로 같다는 것을 계산해냈다. 뉴턴은 힘이 이와 같이 작용한다면 행성들은 케플러가 보여준 태양 주위로 타원을 그릴 것임을 수학적으로 증명하였다.

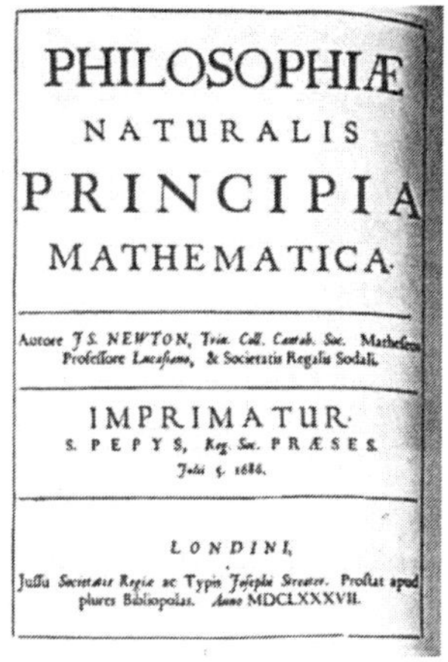
PHILOSOPHIÆ
NATURALIS
PRINCIPIA
MATHEMATICA.
Autore J S. NEWTON, Trin. Coll. Cantab. Soc. Matheseos Professore Lucasiano, & Societatis Regalis Sodali.
IMPRIMATUR.
S. PEPYS, Reg. Soc. PRÆSES.
Julii 5. 1686.
LONDINI,
Jussu Societatis Regiæ ac Typis Josephi Streater. Prostat apud plures Bibliopolas. Anno MDCLXXXVII.

「자연철학의 수학적 원리」(=프린키피아)

뉴턴은 1687년 운동법칙과 만유인력법칙이 수록된 『자연철학의 수학적 원리』, 흔히 줄여서 '프린키피아' 라고 부르는 책을 발간하였는데, 이 책은 인간 사고의 여러 측면에 상당한 영향을 미쳤다. 뉴턴의 운동법칙, 만유인력법칙의 발견으로 고전역학 소위 뉴턴역학이 수립되었다.

1) 뉴턴의 운동법칙

유클리드의 『기하원본』을 본 떠 처음에 힘, 운동량, 질량 따위를 정의하고 많은 기본적인 공리, 정의를 내세운 후 운동의 3법칙을 도입하였다.

① 제1법칙(관성의 법칙) : 물체가 외력을 받지 않으면 정지해 있거나 등속 직선 운동을 한다.

② 제2법칙(가속도의 법칙) : 물체가 외력을 받으면 가속도를 가지게 된다. 가속도의 크기는 힘의 크기에 비례하고 물체의 질량에 반비례하며 그 방향은 힘의 방향과 동일하다.

운동 방정식 : 힘 $F=ma$(m : 질량, a : 가속도)

③ 제3법칙(작용, 반작용의 법칙) : 두 물체 상호간의 작용력(作用力)과 반작용력(反作用力)은 그 크기는 동일하고 방향이 반대로 작용한다.

2) 만유인력의 법칙

뉴턴은 만물들이 서로 인력을 작용하고 있어서 모두 이 힘에 따른다는 사실을 발견하고 이 힘을 만유인력이라고 정의하였다.

$$\text{만유인력} : F=G\times(mM/r^2)$$

여기에서 m과 M은 두 물체의 질량(g), r은 두 물체간의 거리(cm), G는 만유인력 상수($6.673\times10^{-11}Nm^2/kg^2$)이다.

뉴턴의 만유인력의 법칙은 아리스토텔레스적 세계관 또는 자연관을 완전히 부정하였다. 우주는 하늘과 땅이라는 두 가지 세계로 나눌 필요가 없는 하나의 세계임이 뚜렷해졌고, 또 그런 우주는 간단한 자연 법칙에 의해 일사불란하게 움직이는 일종의 기계 장치처럼 여겨지게 되었다.

제10장 | 17세기의 과학

17세기는 천문학과 물리학의 시대였다. 코페르니쿠스에서 뉴턴까지의 천문학과 역학의 혁명적 변화가 '과학 혁명'의 주체를 이루었지만 17세기에는 이것 말고도 많은 혁명적 발달이 자연과학 여러 분야에서 일어났다. 수학에서는 해석기하학과 미분학이, 광학에서는 빛과 색깔의 본질에 대한 연구와 생물학(의학)에서는 피의 순환에 대한 논의가 발달했다. 또 '자연을 어떻게 이해해야 하는가'라는 과학의 연구 방법 문제가 제기되었으며, 과학 연구를 전문으로 하는 과학자다운 사람이 모여 연구, 토론, 친목을 위한 단체가 발족되었는데, 이 단체가 바로 '학회'의 기원이다.

1절 | 17세기의 과학

1. 수학

17세기 과학은 이미 수학을 중요시하고 있었는데, 갈릴레이는 '자연이란 책은 수학이란 말로 쓰여 있다'고 하였다. 케플러는 신은 우주를 만드는 데에 수학적 지혜를 이용했고 그래서 우주 형성에는 어떤 수학적 관계가 있다고 믿었다. 즉, 자연은 신의 뜻이 물질적인 것으로 나타난 것이라면, 인간의 마음은 같은 신의 뜻이 비물질적인 것으로 나타난 것이다. 그러므로 인간은 수학을 통하여 신이 자연 속에 형상화해놓은 신의 뜻을 미루어 알 수 있다고 주장했다. 수학적 질서야말로 경험의 세계보다 높은 차원에 존재하는 이데아(idea)의 세계라고 보았다. 따라서 자연의 올바른 이해는 수학을 통해야 한다는 생각을 배경으로 17세기에는 많은 수학적인 발견이 이루어졌다.

1) 투영기하학(Projective Geometry)

유클리드의 기하학이 촉각적 기하학이라면 17세기에 발달한 투영기하학은 시각적 기하학이다. 예를 들면, 유클리드기하학은 평행선은 영원히 만나지 않는 두 직선인 반면에 투영기하학은 평행선이 우리 눈에서 먼 곳에서는 서로 만나는 것으로 보인다. 투영기하학을 창안한 사람은 데사르그(Girard Desargues, 1593~1662)와 파스칼(Blaise Pascal, 1623~1662)로 투영기하학의 발달은 지도의 제작(둥근 지구를 평면 위에 투영하는 방법)과 설계도 작성에 이용되고 있다.

2) 해석기하학

해석기하학은 해석학과 기하학과의 사이에 다리를 놓아준 셈이다. 데카르트(Rene Descartes, 1596~1650), 페르마(Pierre Fermat, 1601~1665) 등은 타원 포물선, 쌍곡선 등에 관심을 기울여서 반지름이 5인 원을 $x^2+y^2=5^2$으로 표시하였다. 이렇게 하여 쌍곡선과 포물선도 간단히 수학이 다룰 수 있는 범위 안으로 들어오게 되었다.

3) 미적분학

뉴턴과 라이프니츠(G. W. Leibniz, 1646~1716)가 창안하였다. 해석기하학이 기하학의 문제를 대수화해주면서 나타난 곡선의 문제에는 첫째 접선에 대한 것과 둘째 면적을 구하는 것이 있었다. 곡선 위의 모든 점에서 그 점에 접하는 직선은 모두 다른 방향을 갖고 있다. 곡선의 방정식을 주면 그 곡선에 접하는 접선의 일반식을 찾아낼 수 있는 것인가? 또 그런 곡선으로 둘러싸인 면적을 구하는 일반식은? 낙체 운동이나 시계추의 운동 같이 운동 속도가 변해 가는 운동의 경우에서 각 점의 순간 속도를 알 필요가 있었다. 이런 필요성 때문에 미적분학이 발달되었다.

① 뉴턴의 미적분학 : 1665년이나 1666년쯤에 미적분 아이디어에 도달하였으나 1704년 공식적으로 알려졌으며, 뉴턴이 사용한 기호들은 라이프니츠의 것보다 불편하였다.
② 라이프니츠의 미적분학 : 1684년 유럽 최초의 과학 잡지에 미분학을 발표하고 곧이어 적분 방식을 발표하였다.

미적분학의 개인적 발견은 뉴턴이 앞섰는지 몰라도 공식 발표에서는 라이프니츠가 앞섰고, 라이프니츠의 표시 방법이 보다 편리하여 오늘날까지 사용되게 된 것이다.

2. 광학

빛은 일정한 속도를 갖고 있고 또한 공기 속에서 물속으로 들어갈 때는 굴절하며, 빛이 여러 색깔이 모여져 있다는 사실이 17세기 들어 밝혀지기 시작하였다. 스넬(W. Snell, 1591~1626)은 실험으로 빛의 굴절의 법칙을 발견하였으나 그 이론적 근거를 제시하지 못하였는데, 데카르트가 이 법칙을 이론적으로 발표하였다. 17세기 이전에는 빛의 속도는 무한한 것으로 생각했다. 갈릴레이는 빛의 속도를 측정하기 위하여 멀리 떨어진 두 사람이 서로 빛의 신호를 주고받는 그 시간을 측정하려고 하였으나 실패하였다.

1) 갈릴레이(Galilei, 1564~1642)

갈릴레이는 망원경을 이용해 목성이 4개의 달을 갖고 있고 이 달들이 목성의 그늘 뒤로 차례차례 사라지고 나타나는 모습을 관찰하였는데, 항

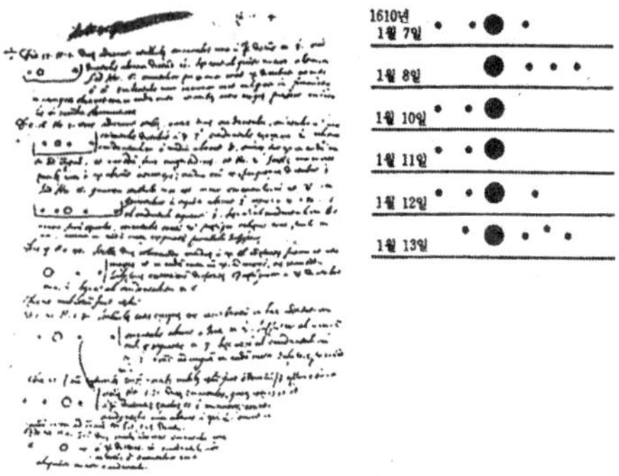

갈릴레이가 망원경으로 관찰한 목성의 위성

해 중에 일종의 시계로 이용할 수 있을 것이라고 주장하였다. 카시니(G. Cassini, 1925~1712)는 4개의 위성들을 관찰하여 그 움직임을 시간표로 작성하였다.

2) 뢰머(Olaf Romer, 1644~1710)

뢰머는 처음으로 빛의 속도를 측정한 사람인데, 1676년 카시니가 작성한 시간표를 바탕으로 목성의 4위성을 철저히 관찰해 본 결과 위성이 목성 뒤로 사라지고 나타나는 시간이 어떤 때는 예정 시간 보다 늦어지거나 빨라져 마치 위성들의 속도는 늦었다 빨랐다 하는 듯이 보였다. 이것은 지구가 공전 궤도상에서 목성에 가깝거나 먼 곳에 따라 빛이 지구에 도달하는 시간의 차이 때문에 그 위성의 삭(蝕)이 빨라지거나 늦어진다고 뢰머는 설명하였다.

뢰머는 지구의 공전 궤도는 상당히 정확히 잘 알고 있었으므로 빛의 속도를 계산할 수 있었는데, 오늘날의 빛 속도와 아주 근사한 값이다($C = 2.14 \times 10^8$m/sec).

3) 그리말디(Grimaldi, 1618~1663)

그리말디는 빛을 두 개의 조그마한 구멍에 계속 통과시켜 처음으로 빛의 회절 현상을 실험하였다. 빛이 직진만 한다면 이런 구멍들을 통과한

목성의 3중 일식

빛은 그 구멍의 모양에 맞는 기하학적 모양을 하고 흰 표면에 떨어져야 하겠으나 그 모양은 경계가 분명치도 않을뿐더러 무지개 같은 색깔의 띠가 여러 겹 그 둘레를 싸고 있었는데, 그리말디는 이것을 설명할 수 없었다. 호이겐스(C. Huygens, 1629~1695)가 빛이란 물결처럼 퍼져 나가는 파동이라는 파동설을 주장함으로 이론적 설명이 가능하였다.

4) 호이겐스(C. Huygens, 1629~1695)

호이겐스는 1678년 빛의 파동설을 주장하여 빛은 우주 공간에 꽉 차있는 에테르(ether)란 매질속을 물결 퍼지듯 번져간다고 설명하였다. 즉, 빛이란 물결처럼 퍼져나가는 파동이라는 이론을 주장하였다.

5) 뉴턴(Newton, 1642~1727)

뉴턴은 1666년 프리즘의 실험을 통해 빛의 7가지 색깔은 바로 햇빛에서 나온 것으로 햇빛의 기본 성분임을 증명하였다. 그는 입자설을 주장하고 호이겐스의 파동설을 부정했는데 그 주요한 까닭은 그러한 파동이론으로 빛의 직진을 잘 설명하기 어렵다고 생각하였기 때문이다.

1672년 처음으로 광학 연구 결과를 발표하기 시작한 그는 1704년 대표작인 『광학(Opticks)』을 출판함으로서 그 후 100년간 서양의 광학을 지배했다.

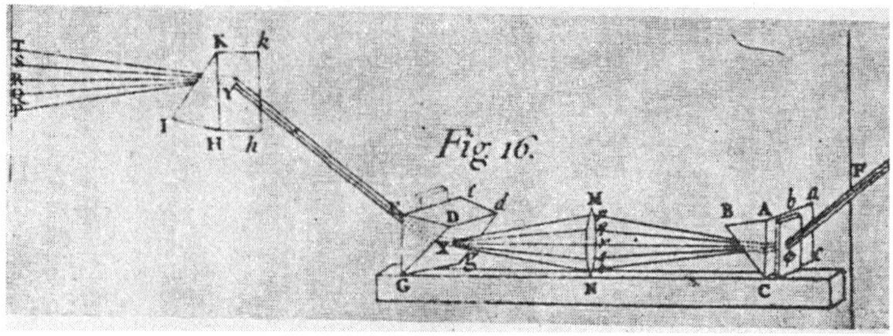

뉴턴의 「광학」 속에 있는 프리즘 실험 장면

• 빛의 본성

① 입자설 : 뉴턴이 주장하였으며, 빛은 광소(光素)라는 물질의 미립자의 흐름이라고 하였다. 빛의 직진 현상을 설명하는데 용이하다.

② 파동설 : 호이겐스가 주장하였으며, 물체를 구성하는 입자가 한 진동을 하여 그 진동이 에테르라고 부르는 매질(媒質)을 통하여 파동으로 전파한다고 하였다. 빛의 회절 현상을 설명하는 데 용이하다. 1807년 영(Young)이 빛의 간섭 현상을 발견하여 파동설을, 1809년 말루스(Malus)는 빛의 편광 현상을 발견하여 입자설을 지지하였다.

③ 입자, 파동설 : 아인슈타인은 빛은 입자성과 파동성 2가지 모두 가지고 있다고 하였는데, 빛은 에너지 덩어리인 광량자(광자)의 흐름이라고 주장하였다.

3. 의학

1) 갈렌(Galen = 갈레노스 Galenos, 131~200)

갈렌은 갈레노스라고도 알려져 있는데, 여러 가지 척추 동물을 비교 해부하여 얻은 지식을 인체해부학으로 잘못 이용하였다.

심장과 피의 운동에 관한 연구에서 당시의 절대적 권위인 갈렌에 의하면 위장으로부터 흡수된 음식물의 산물은 문맥에 의해 간으로 옮겨져 피로 바뀐다. 피는 대정맥을 거쳐 심장의 오른쪽으로 옮겨지는데, 그것의 팽창에 의해 빨려 들어갔다가 심장이 수축하면 피가 다시 나와서 그 대

갈렌의 생리학 체계

부분은 대동맥과 그 가지들을 통해 몸 전체로 가고 일부는 '동맥 같은 정맥(지금의 폐동맥)'을 거쳐 폐로 간다. 이와 같이 심장이 팽창, 수축함에 따라 그 오른쪽 부분에서 피가 조류(潮流)처럼 들락날락하는 것으로 보았다.

그러나 피가 어떻게 심장의 왼쪽으로 가서 대동맥과 그 가지들로 들어갈 수 있을까? 갈렌은 심장의 우심실과 좌심실 사이에 두터운 격막을 가정했다. 격막은 단단하지만 구멍이 있어 통할 수 있으며, 이것을 통해 피는 오른쪽에서 왼쪽으로, 그리고 심장의 박동에 의해 대동맥을 거쳐 몸 전체로 가고 '정맥 같은 동맥(지금의 폐정맥)'으로 넘나들며 흐를 수 있다는 것이었다. 문제는 피를 심장의 오른쪽에서 왼쪽으로 옮기는 격막의 구멍을 아무도 본 사람이 없다는 것이다. 베살리우스(Vesalius)는 이 구멍을 찾아보았으나 못 찾았다고 기록하고 있다.

2) 베살리우스(Vesalius, 1514~1564)

1543년 『인체의 구조에 관하여』를 출간하여 갈렌의 잘못된 해부학을 수정하고, 실제 해부에 토대를 둔 해부학을 처음으로 완전하고 정확하게 기술했다.

「인체의 구조에 관하여」 표지

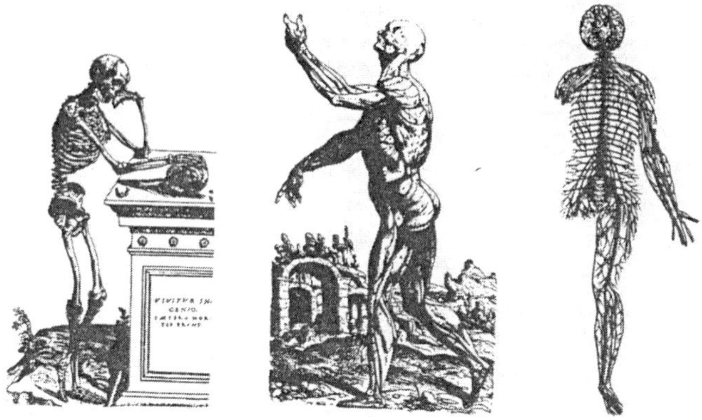

「인체의 구조에 관하여」 중에서 골격, 근육, 신경계 삽화

3) 하비(W. Harvay, 1576~1657)

1628년 『심장과 피의 운동에 대한 해부학적 논고』를 출간하여 피가 심장에서 허파로 갔다가 돌아온다는 사실을 발견하여 혈액 순환(소순환)을 주장하였는데, 여기에는 몇 가지 특이한 점이 있다. 하비는 피가 정말로 온몸을 돌고 있음을 눈으로 확인하지는 못하였다. 즉 혈액 순환의 진짜 증거인 모세혈관을 통해 동맥과 정맥의 피가 연결되고 있다는 사실은 그 후 1661년 말피기(Malpighi)에 의해 발견되었다. 그러면 어떻게 하비는 혈액 순환을 발견할 수 있었던가?

하비는 물고기, 개구리, 뱀 같은 냉혈 동물 80여 종을 해부하였는데, 왜냐하면 이런 동물들의 심장은 죽은 다음에도 아직 뛰고 있는 것을 들어낼 수 있고 박동이 느리기 때문에 그 진행을 육안으로도 쉽게 관찰할 수 있기 때문이다. 이렇게 하여 하비는 심장의 윗부분, 즉 심방이 피를 심실로 보냄으로써 비우며, 심실의 수축이 피를 대동맥과 폐동맥으로 내몰음을 관찰하였다. 또한 심장 안의 판막도 관찰하였는데, 이 판막이 심실에서 대동맥으로 가는 통로에서 피의 흐름을 늘 그 방향으로 유지시켜준다고 하였다. 또 심장이 박동할 때마다 분출된 피의 양과 1분 동안의 맥박의 수(60~80회)로부터 그는 심장이 30분 동안에 온몸의 피 전체보다도 더 많은 양의 피를 동맥으로 내보냄을 계산하였다. 하비는 그 시간에 음식물의 즙으로부터 충당될 수 없다고 주장하면서, "어쨌든 피가 조직을 통해 동맥에서 정맥으로 그리고 심장을 돌아오지 않는다면 동맥은 곧 터질 것이고 정맥은 속이 빌 것이다."라고 하였다. 여기서 하비는 원 운동, 즉 순환을 생각하였는데, 심장의 오른쪽에서 폐로, 여기서 왼쪽으로 그리고 여기서 온몸으로 갔다가 다시 오른쪽으로 돌아오는 2중 회로가 있음을 주장하였다. 오랜 동물 실험을 통해 하비는 심장이 동맥에 뿜어내는 피의 분량은 30분이면 그 동물의 전체 혈액량만큼 된다. 그 많은 피를 심장에 공급하는 것은 무엇일까? 하비는 정밀한 수학적 실험 결과를 바탕으로 하여 엄밀한 연역적 사고 과정을 거쳐 혈액 순환의 결론을 얻었다. 그는 심장을 물을 뿜어내는 펌프와 같은 것으로 보아 문제를 해결하였다. 이러한 분석적이고 기계적인 태도야말로 근대 의학의 특징을 이룬 것이다. 따라서 인체를 보는 태도와 수학적 실험적 연구 방식에 있어서 근대 의학의 창시자라 할 수 있다. 하비는 이와 같이 체계적 실험에 의해 문제를 해결하였는데, 하비의 위대한 공적은 단지 순환을 발견한 것 뿐 아니라 실험적 방법을 성공적으로 이용해서 그것을 증명하고 영구히 확립한 데 있다.

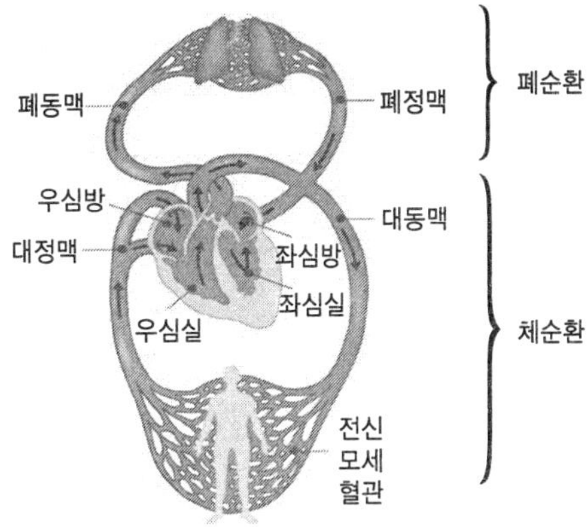

혈액의 순환

2절 | 과학 기구의 발달

코페르니쿠스의 새로운 우주관은 갈릴레이의 망원경에 의해 확인할 수 있었고, 하비의 혈액 순환은 말피기의 현미경에 의해 증명되었다. 망원경과 현미경을 비롯한 여러 실험 기구들이 17세기에 발명되어 17세기 이후 서양 과학의 발전에 큰 기여를 하였다. 17세기 중엽 이후, 1660~1670년 사이에 과학 기구의 발달이 일어났다. 새로운 기구 가운데 중요한 기구는 공기 펌프, 망원경, 현미경, 온도계, 기압계, 진자시계 등이 있다.

1. 공기 펌프의 진화

16세기는 산업이 급속히 발전하였는데, 특히 광업에서의 발전이 급속히 이루어졌다. 광산이 더 크고 깊게 됨에 따라 홍수에서 보호하기 위하여 펌프를 개량하고 개발하는데 큰 관심을 가졌다. 펌프를 개량해서 광산의 배수, 물 공급 문제를 해결하였다. 17세기 과학에서 펌프는 큰 역할을 했다. 하비는 심장을 펌프로 생각한 결과 혈액 순환설을 주장하게 되었다. 또한 어떤 펌프는 왜 제대로 작동되지 않는가를 생각한 결과 대기압을 이용하게 되고 그 결과 기압계를 발명하였다. 17세기 중엽 귀리케(Ott von Guericke, 1602~1686)는 물을 빨아올리는 것이 아니라 그릇에서 공기를 뽑아내는 빨 펌프(suction pump)를 착상하였는데, 두 개의 속 빈 놋쇠 반구를 맞춰 공을 만들고 공기 펌프로 그 속의 공기를 빼냈다. 그리고 두 반구에 8마리 말들을 매어 서로 반대 방향으로 끌게 했을 때 반구를 떼어놓지 못하였다. 이렇게 하여 대기압의 힘을 증명하였다. 귀리케는 또 공기가 들어있는 속이 빈 공을 저울에서 측정한 후, 공기를 다 뺀 다음 측정하는 실험을 해서 공기의 무게의 개념을 알았다.

이와 같은 공기 펌프의 발명은 즉시 공기에 대한 학문, 즉 기학(氣學)을 낳았다. 기학의 대표적 인물은 영국의 과학자 보일(R. Boyle)과 그 제자 후크(R. Hooke)이다. 보일은 공기의 성질에 대하여 여러 가지 정량적 연구를 한 끝에 같은 온도에서 기체가 차지하는 부피는 거기에 가해지는 압력에 반비례한다는 '보일의 법칙'을 알아내었다. 또한 보일은 유리로 된 리시버(receive, 공기를 빼낸 그릇)에 넣은 여러 가지 물건이 공기를 뺏길 때 어떻게 행동하는가를 실험하였다.

진공의 위력을 보여주는 귀리케의 실험. 한쪽 8마리씩, 16마리의 말로도 진공구를 분리시킬 수 없었다.

① 리시버 안에 가는 실로 시계를 걸었을 때, 공기가 있는 동안은 똑딱 소리를 들을 수 있었으나 펌프로 공기를 빼내자 시계가 가는 것을 볼 수는 있지만 소리는 차츰 없어져서 아무 소리도 안 들렸다. 즉, 소리는 그것을 전달할 공기가 필요하나 빛은 필요 없으며, 따라서 자연 현상은 공기의 존재에 의존하는 것(소리)과 안 하는 것(빛)이 있음을 알았다.

② 켜진 촛불과 타는 숯을 리시버에 넣었을 때, 공기를 빼니까 불이 꺼졌다. 이것은 연소는 공기의 존재에 의존하며, 연소 시 타는 것은 공기 중의 산소와 결합하는 것임을 알았다.

③ 작은 새와 동물을 리시버에 넣었을 때, 공기를 뺏을 때 짐승들은 호흡에 곤란을 느끼다가 이내 죽어버렸다. 이것은 공기가 호흡과 생명에 필수적임을 증명하였다. 이러한 공기 펌프 실험의 중요한 결과는 기체의 압력과 부피가 반비례한다는 '보일의 법칙' 의 발견으로 이어졌다.

2. 망원경의 진화

망원경은 1608년 리퍼세이(H. Lippershey)가 처음 발명한 것으로 알려져 있으나, 갈릴레이가 1609년 재발명하였다. 즉, 망원경이 단순한 장난감이나 군사 기구가 아닌 과학 기구로서의 그 가치를 깨닫고 증명한 것은 1609년의 갈릴레이이다. 또한 1668년 뉴턴이 반사 망원경을 발명하여 그 후의 관측천문학에 큰 공헌을 하였다.

갈릴레이는 망원경으로 목성의 위성을 발견하였고, 은하수가 육안으로는 구별할 수 없는 무수한 별들임을 발견하였다. 또 태양의 흑점을 관측해서 하늘이 완전하며 불완전한 지구와는 다른 물질로 되어 있다는 낡은 믿음을 없애는 데 기여하였으며, 달의 산을 관측하여 그 그림자를 재서 대략의 높이를 계산하였다. 이처럼 망원경은 천문학에 혁명을 일으켰다. 이와 같이 리퍼세이가 1608년 망원경을 발명하고, 1609년 갈릴레이가 망원경을 재발명하여 관측천문학에 큰 공헌을 하였다.

3. 현미경의 진화

16세기말 현미경이 고대부터 사용하던 확대경 대신 과학적 관찰에 이용되었다. 얀센(Janssen)은 1590년 2개의 렌즈를 사용한 현미경을 발명하였고, 로버트 훅(Robert Hooke)은 1665년 『현미경 세계』라는 책을 출판하여 현미경을 이용해 사람의 눈이 미치지 못하는 미세한 세계를 들여다보고 세포를 처음 발견하고 거기에 세포(cell)란 이름을 붙여주어서 세포를 처음 발견하였다.

레벤후크(A. Leewenhoek)는 현미경을 이용하여 근육, 눈의 각막, 피부 등의 구조를 연구하고, 세균을 발견하였으며, 스왐머담(J. Swammerdam)은 현미경을 이용하여 꿀벌, 하루살이 등 작은 동물들을 해부하고 연구하였다. 말피기(M. Malpighi)는 현미경을 사용하여 적혈구를 발견하였고, 모세혈관을 발견하여 하비의 혈액 순환설을 증명하였다.

4. 시계의 진화

시계는 17세기에 비로소 과학적 실험에 쓸 수 있을 만큼 정밀한 것이 발명되었는데, 이것이 추시계(pendulum clock)이다. 갈릴레이는 추의 등시성(等時性, 진자의 주기가 진폭과 상관없이 일정한 성질)을 처음 발견하였으며, 호이겐스는 추 운동을 역학적으로 설명하였고, 가장 정밀한 추시계를 만들어 1657년 특허를 받았다.

이처럼 17세기 동안 여러 가지 자연 현상이 정밀한 측정의 대상으로 바뀌어 갔던 것이다. 온도계도 이때쯤 널리 사용되기 시작하였고, 현미경과 망원경은 인간의 시력을 거의 무한대로 확대해주었다.

따라서 17세기 과학자는 실험 기구를 연구실 안에 들여놓은 실험가로 바뀌어 갔는데, 16세기까지는 과학자는 종이와 펜만을 가진 자연철학자였다.

갈릴레이 망원경

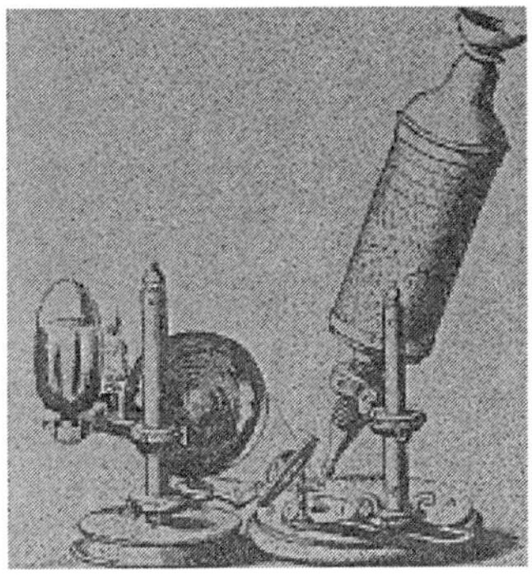

로버트 훅 현미경

과학 기구의 발명으로 17세기 이후 과학은 빠른 진보를 하게 되었다. 과학자들은 자연의 진리를 발견하는 참다운 방법은 목적을 위해 특별히 고안되고 만들어진 기구들의 도움을 받아 실험을 하는 것임을 알게 되었다. 즉 근대 과학을 특징짓는 실험적 방법을 확립하게 된 것이다.

3절 | 17세기의 과학적 환경

1. 과학자와 학회

17세기는 또한 르네상스 이후 성장해온 부르주아 계급이 사회의 지배세력으로 성장하였는데, 바로 이 부르주아 계층에서 수많은 아마추어 과학자들이 나타나기 시작하였다. 경제적 안정을 이룬 제조업자, 지주, 법관, 변호사, 성직자, 의사 등 많은 사람들이 실험을 통한 연구에 깊은 취미를 길러가고 있었으며, 이들은 사교적인 접촉과 모임을 통해 누가 무슨 실험을 해냈고, 누가 무슨 연구에 몰두하고 있다는 정보를 교환하였다.

영국과 프랑스에서는 17세기 중엽부터 자연철학 연구를 위한 모임이 생겨나고 있었으며 영국의 과학자들은 매 주일 정기적인 모임을 갖고 있었는데, 이들은 보이지 않는 대학(invisible college) 같은 것을 만들고 있었다. 1660년 정식으로 '실험을 통한 물리, 수학적 지식의 증진을 꾀하기 위한 동호회' 를 발족하였는데, 1662년 찰스 2세의 인가를 받아 '자연 지식의 증진을 위한 왕립 학회' 가 정식 발족되었다. 아직 전문적인 과학자가 없었던 이때에 아마추어 자연철학자들에 의해 과학은 근대 사회의 한 요소로서 독립된 영역을 갖기 시작했고, 비전문가들에 의해 전문화의 길은 열리고 있던 셈이다. 영국의 왕립 학회는 18세기 초에는 별로 활발하지 못하였으나 그 후 다시 부흥하여 영국의 과학 발달에 중추적 역할을 담당하였다. 프랑스에서는 영국과 거의 같은 시기에 똑같은 과학자의 모임이 시작되었다. 루이 14세의 재상 콜베르는 국가의 상공업을 발달시키는데 과학자들이 공헌할 수 있을 것이라는 기대 때문에 1666년 프랑스 과학 아카데미를 설립하였고, 프랑스 과학 아카데미는 왕으로부터 봉급을 받고, 정부가 위임하는 연구를 수행하였다. 이러한 과학 아카데미를 만드는 일은 그 후 프러시아와 러시아로도 번져갔다. 프러시아는 라이프니츠의 영향 아래 1700년 베를린 아카데미를 설립하였으며, 러시아는 1724년 피터 대제가 성피터스버그 아카데미를 설립하였다. 당시 프러시아나 러시아는 아직 과학이 거의 시작도 되지 않고 있던 시기였으므로 이들 아카데미는 주로 프랑스의 과학자들을 초청하여 간판 역할을 맡기고 연구를 하였다.

2. 과학 연구 방법

1) 베이컨(F. Bacon, 1561~1626)

베이컨은 아는 것이 힘이라는 생각 속에서 인간이면 누구나 갖고 있는 선입견, 편견을 제거하고 그 위에 실험과 관찰을 통한 확실한 지식을 쌓아가야 한다고 강조하였다. 즉 인간이라는 공통된 한계성, 개인적 여건, 언어의 특수성 때문에 반성 없이 전통이나 유행의 추종 때문에 온갖 편견을 만들어 가며 살고있다. 베이컨의 4대 우상론에서 우상은 우리 마음에 자리 잡고 있는 권위의 상징을 의미한다.

① 종족의 우상 : 모든 사물을 인간 본위로 해석하려는 보편적인 편견으로 맹목적인 습관, 감정, 신앙에서 오는 편견을 말한다(예 : 새가 노래를 하고 나비가 춤을 춘다.).

② 동굴의 우상 : 개인적인 취미, 성격, 환경, 교육, 습관에서 오는 편견을 말한다(예 : 우물 안의 개구리).

③ 시장의 우상 : 인간의 접촉, 언어에 의하여 나타나는 편견을 말한다(예 : 귀신이나 도깨비가 있다고 믿음).

④ 극장의 우상 : 전통, 역사, 권위를 무비판적으로 믿는 편견, 독단적 해설을 말한다(예 : 유명인의 말을 무조건 믿음).

베이컨은 이러한 종족, 동굴, 시장, 극장의 우상을 때려 부수고 그 위에 실험과 관찰을 통해 확실한 증거를 수집하여 거기서 얻어진 지식을 쌓아가야 한다고 하였다. 베이컨은 자연에 대한 확실한 지식을 얻는 경험적, 귀납적(induction) 방법을 강조하였는데, 귀납적 방법은 그 후 과학 연구의 방법으로 널리 인정받고 있으나, 베이컨 자신이 이 경험론을 과학 연구에 활용한 일은 거의 없었다.

2) 데카르트(R. Descartes, 1596~1650)

데카르트는 인간이 갖고 있는 직관의 힘을 굳게 믿고, 인간은 사고 작용을 명확히 함으로서 알 수 있는 모든 것을 발견할 수 있을 것이라고 생각하고 실험이나 관찰은 이러한 이성의 움직임에 보조적인 역할 밖에 할 수 없다고 주장했다.

분명한 사고를 위해 데카르트는 모든 것을 의심하는 것으로부터 출발하여 의심하는 주체로서의 자기 존재만이 확실하다는 결론에 도달하였다. 그것이 데카르트가 이룩한 첫 연역적 사고의 결과인 '나는 생각한다. 고로 나는 존재한다(Cogito ergo sum).' 라는 유명한 말이다.

데카르트는 합리적, 연역법(deduction) 방법을 강조하였다. 베이컨이 과학의 방법만을 제시한 채 실제적 과학자가 아니었던 것과는 달리 데카르트는 자기의 연역적 방법을 사용하여 우주관으로부터 광학, 역학, 기하학 등 여러 방면에서 큰 업적을 남겼다. 오늘날 데카르트의 대표작으로 알려지고 있는 『방법서설』은 사실은 1637년 '이성을 올바르게 활용하여 과학에서 진리를 탐구하는 방법에 관한 서설' 이란 이름으로 출판되었는데, 이 책은 그 뒤에 출판된 『기하학, 광학, 기상학』을 위한 서론에 불과했던 것이다. 그에 의하면 신은 태초에 무한한 물질을 만들고 여기에 운동을 주었다. 그리고 부차적으로 주어진 것이 자연 법칙이다. 데카르트는 바로 측정할 수 있는 크기를 가진 물질과 운동만이 과학의 본래 연구 대상이고, 그 밖의 색깔, 냄새, 맛 같은 속성은 특별한 경우를 제외하고는 과학의 대상이 아니라고 구별하였다. 따라서 인간의 감정, 믿음, 사랑 따위는 과학이 어쩔 수 없는 또 하나의 다른 영역이라고 생각하였는데, 이처럼 과학의 대상을 규정하려고 노력하였다.

데카르트는 자연의 모든 변화는 기계적인 인과 관계로 설명될 수 있다고 생각하였다. 우주를 하나의 커다란 기계처럼 생각했다는 점에서 뉴턴과 같은 입장이었으며, 실제로 데카르트나 뉴턴 그리고 수많은 과학자들의 사고방식은 그 후 기계론적인 자연관을 크게 발달시켰다.

뉴턴은 우주와 자연을 어느 정도 현재의 형태로 만들어진 다음 고정 상태를 유지하고 있다고 하였고, 데카르트는 태초에 신은 물질을 창조했을 뿐 그 물질이 소용돌이를 만들어 천체를 만들고 만물을 낳은 것은 모두 신이 직접 관여하지 않은 채 자연 법칙에 따라 생긴 것으로 믿었고, 진화하는 자연관을 가지고 있었다.

제11장 18세기의 과학

영국의 시인 알렉산더 포우프(Alexander Pope)는 '아이자크 뉴턴경을 위한 묘비명' 이란 유명한 시를 통해 18세기의 정신을 잘 나타내었다.

자연 그리고 자연의 법칙은
어둠 속에 숨겨져 있었다.
그때 신이 말하기를
– 뉴턴을 보내라 –
그러자 모두가 광명으로 변했다.
(Nature and Nature's laws lay hid in night
God said, let Newton be! And all was light)

18세기는 흔히 계몽주의시대(enlightenment)라고 불리는데, 앞의 시에서 볼 수 있는 것처럼 어둠을 밝혀준 사람은 뉴턴이었다. 18세기는 또한 '이성의 시대(age of reason)' 라고도 불리고 있다. 어둠속으로부터 인간을 광명으로 이끈 것은 인간의 이성이고, 이성을 올바르게 이용함으로서 인간은 영원한 진보 발전을 이룩할 수 있다고 믿었다.

18세기에 자연과 자연 법칙은 어둠속에서 숨겨져 있었는데, 어둠을 밝혀준 사람은 뉴턴이었다. 18세기를 대표하는 사람들이 소위 계몽주의자들이고, 이중 대표적인 사람이 볼테르(Voltaire, 1694~1778)이다. 볼테르는 뉴턴과 영국의 경험철학 등을 연구했고, 뉴턴의 학설을 유럽 대륙에 전파하였으며, 역사는 인간 정신의 진보이며, 그런 의미에서 가장 위대한 역사상의 인물은 뉴턴이라고 하였다. 볼테르는 "케플러 이전에는 모든 사람이 장님이었다. 케플러는 한쪽 눈을 가졌고, 뉴턴에 이르러 비로소 두 눈을 다 갖게 되었다."라고 하였다.

18세기는 순수 과학의 역사상 그리 두드러진 시기는 못되었다. 17세기를 빛낸 과학 천재도 없었고, 세계를 바꾸는 과학상의 발견도 이루어지지 않았다. 그러면서도 과학이야말로 새로 생겨나고 있는 인간의 영원한 전진이라는 믿음의 원동력이라고 생각하였고, 인간은 그 이성을 이용하여 자연을 이해함으로써 진보를 계속할 것이라고 믿었다.

계몽주의자들은 모든 불합리한 것들을 제거하려고 하였다. 기독교와 전제 군주 정치에서부터 귀족의 풍속에 이르기까지 모든 전통이 크게 위협을 받게 되었으며, 이런 전통적인 것에 대한 비판은 새로 등장하고 있던 도시 시민 계급의 귀족 계급에 대한 도전이기도 하였던 것이다.

계몽사상가들에게 자연이란 오늘날 우리가 생각하는 좁은 뜻의 그것이 아니었다. 그들의 자연이란 말속에는 동물과 인간 그리고 인간이 구성하는 인간사회까지도 포함되는 것이었다. 우주가 물질과 운동으로만 되어 있는 물리적 기계 같은 것이라고 뉴턴이 말했듯이, 인간과 사회도 모두 대자연의 일부분으로서 인간의 이성을 통해 이해할 수 있는 과학의 대상이라 생각하였다.

18세기의 과학은 오늘날 우리가 생각하는 과학(자연과학)보다는 오히려 '사회과학'이 더 관심을 끌어 발달되기 시작하였다.

1절 | 18세기의 과학

1. 대백과사전

문화는 창조의 시기가 지나간 후면 폭넓은 흡수를 위한 새 지식의 축적과 종합의 시간이 따른다. 18세기는 이러한 소화와 흡수를 위한 세기였다. 새 지식의 축적을 위한 18세기의 대표적인 노력이 프랑스에서 계몽사상가들이 대거 동원되어 30년간에 걸쳐 완성한 『대백과전서(Encyclopedia)』이다. 1751년 출판되기 시작한 대백과전서는 1780년 2권의 색인까지 출판되어 30년간에 걸친 35권의 대작이 되었다. 17세기까지 크게 발달한 새로운 지식을 18세기에 체계화함으로서 편집자가 얻으려 한 것은 인류 문화의 발전 경향이며, 그것은 모든 낡은 것에 대한 공격의 한 방식이기도 하였다. 여기에는 아는 것이 힘이라는 베이컨의 정신이 깔려 있고, 인간의 지식은 인간사회의 개조에 크게 공헌할 수 있다는 믿음이 있었다.

2. 박물학

지식의 체계화, 종합화라는 18세기 학자들의 관심이 가장 잘 나타난 것이 박물학 분야의 발달이다. 동물, 식물, 광물에 대한 수집과 분류는 그리스 아리스토텔레스 이래 계속된 관심이었으며 17세기까지에도 박물학에 대한 관심은 순전한 호기심 또는 약용 식물 연구 때문에 지속되었다. 그리고 박물학은 지구상의 발견으로 새로운 동식물상에 접하게 되면서 더욱 자극을 받았다.

1) 존 레이(John Ray, 1627~1705)

풀(초본)과 나무(목본), 외떡잎(단자엽)과 쌍떡잎(쌍자엽), 현화 식물과 은화 식물을 구분하여 식물 분류를 시도하였다.

2) 린네(Carl von Linne, 1707~1778)

스웨덴의 목사의 아들로 신학을 공부하기도 하고, 의사로 개업하였다. 그러나 그의 관심은 동 · 식물의 분류에 있었고, 그 방법을 고안해내기 위하여 노력하였다. 동 · 식물계를 분류함에 있어서 동물의 경우 가장 뚜렷한 외부 특징을, 식물의 경우에는 생식 기관(꽃)의 특징을 들어 그 기본 분류를 하고 이를 문(phylum, 門)이라 불렀다. 모든 생물을 문(phylum), 강(class), 목(order), 과(family), 속(genus), 종(species)으로 세분하고 각 이름에는 라틴어를 쓰도록 정하였다.

린네는 1753년 『식물의 종』이라는 책에서 모든 생물을 속명(屬名)과 종명(種名)을 붙여 학명(學名)으로 부르도록 규정한 이명법(二名法)을 제안하였다. 이는 후에 국제식물명명규약(1867)과 국제동물명명규약(1889)으로 발전하였고, 1906년 이후 세계 공통으로 사용하게 되었다. 예를 들어 사람의 학명은 호모 사피엔스(*Homo sapiens*)이다.

그러나 린네의 분류 방식은 인위적인 분류법이었기 때문에 나중에 많은 비판을 받았으며, 그 뒤 많은 학자들이 자연 분류법을 개발하려고 노력하였다. 자연적 분류를 위해서는 생물의 유전과 진화에 관한 지식이 필요한데, 린네가 살던 18세기에는 이런 자연 분류가 불가능하였다. 생물의 진화는커녕 린네는 당시의 다른 박물학자와 마찬가지로 종이란 하느님이 세상을 만들 때 창조한 그대로 불변하여 존재하며 여러 종의 생물들은 질서 있게 자연의 사다리를 형성하고 있다는 '종 불변설' 을 믿었다.

그런데 프랑스의 몇몇 학자들은 이와는 정반대의 생각을 갖고 있었다. 뷰퐁(G. Buffon, 1707~1788)은 파리 왕립 식물원장이었는데 린네의 인위적 생물 분류법에 반대하고 자연은 서로 조금씩만 다른 연속체들로 구성되어 있고, 지금은 서로 다른 종으로 보이는 많은 생물은 원래 같은 조상으로부터 퍼져 나갔을지 모른다는 소박한 진화 사상을 갖고 있었다. 또한 도방통(Daubenton, 1716~1800)은 뷰퐁의 제자로서, 180여 종의 포유류를 해부, 비교하여 그 비슷함을 증명하여 뷰퐁의 진화 사상을 지지하였다.

3) 에라스무스 다윈(Erasmus Darwin, 1731~1802)

찰스 다윈의 할아버지로서, 뷔퐁과 비슷한 진화론자이었다. 모든 생명체는 원초의 생명체가 각기 다른 환경에 따라 다른 생물로 생겨난 것이라고 생각한 진화론자였다.

이처럼 아직 이론으로 정립되지도 않았고, 또 그러기에는 아직 증거가 부족하기도 했지만 18세기에 이미 생물의 진화론은 여러 박물학자들에 의해 거론되고 있었던 것이다.

3. 수학과 역학

역학이란 물체의 운동과 거기에 작용하는 여러 가지 힘의 관계 등을 다루는 학문이고 따라서 미적분학이 나온 직후인 18세기의 수학자들은 역학과의 관계 속에서 새로운 수학의 응용법을 발전시켜 나갔다. 18세기의 수학과 역학 연구는 프랑스 수학자들이 후세에 이름을 남겼다.

1) 다니엘 베르누이(Danielle Bernoulli, 1700~1782)

유체에 미적분을 응용하여 유체역학의 연구를 시작하였다.

2) 오일러(L. Euler, 1707~1783)

요즘의 위상기하학(topology)을 개척한 학자이다.

3) 달랑베르(d' Alembert, 1717~1783)

『역학개설』을 저술하였다.

4) 라그랑쥬(J. L. Lagrange, 1736~1813)

『해석역학』을 저술하였다.

5) 몽쥬(G. Monge, 1746~1818)

도법기하학을 수립하여 현재 공학 분야에 투영법을 이용한 새로운 기하학을 제공하였다.

4. 천문학

케플러와 뉴턴을 거쳐 우주관이 혁명적 변화를 이룩하고 있던 17세기 후반부터 천문학에 관한 관심이 매우 높아졌는데, 망원경의 개량과 보급이 한 이유였고, 또 항해를 위해서는 천문 관측이 절대 필요하다는 실용적 이유도 있었기 때문이다. 코페르니쿠스에서 뉴턴까지의 천문학은 태양계를 중심으로 새로운 우주관을 연구하였다면, 18세기의 천문학은 태양계 저쪽까지 멀리 확대되는 시기라고 할 수 있다. 허셸(W. Herschel)은 1781년 천왕성을 발견하여 인간의 눈을 태양계 밖으로 옮겨주는데 결정적 역할을 하였다.

2절 | 화학 혁명

18세기는 화학의 시대였다. 라부아지에가 1789년 『화학요론』 책을 발간하여 '화학 혁명' 이 일어나 근대 화학이 시작되었는데, 그는 원소의 개념을 확립하여 최초로 원소표를 작성하였다.

1) 스탈(G. E. Stahl, 1660~1743)

물질이 탄다는 것은 무엇인가? 이것은 18세기 화학자들의 최고 관심사였다. 이에 대한 18세기 초의 설명으로는 스탈의 플로기스톤설(phlogiston)이 있다. 물질에는 탈 수 있는 것과 그렇지 않은 것이 있는데, 이 경우 탈 수 있는 물질에는 플로기스톤이라는 물질이 포함되어 있다가 연소 중 불꽃의 형태로 달아난다. 유황처럼 잘 타는 물질에는 특히 플로기스톤이 많이 들어 있는가 하면 금속같이 플로기스톤이 적은 것도 있다. 금속이 녹스는 것도 연소와 같이 플로기스톤이 달아나기 때문이며, 쇠나 구리를 가열해 주면 녹이 스는 것은 그 속에 들어 있던 플로기스톤이 달아나 회분(calx)이라는 흙 성분의 물질만이 남기 때문이라고 하였다. 플로기스톤설은 아주 훌륭한 가설로서 여러 가지 자연 현상을 일관성있게 설명해 주었기 때문에 18세기를 지배한 학설이 되었다.

그러나 이 이론의 모순점은 오늘날 우리가 알고 있는 산화 현상을 이 가설은 '플로기스톤을 잃어 원소 상태로 돌아가는 것'으로 파악하고, 오늘날의 환원 현상을 '플로기스톤화'라고 이해한 것이다. 플로기스톤설에는 문제점이 있는데, 금속은 녹슨 상태일 때 더 무거워진다.

그렇다면 플로기스톤과 결합해 있을 때가 플로기스톤을 잃었을 때보다 가볍다는 것은 무슨 뜻이 되는가? 플로기스톤은 무게를 가볍게 해주는 (−)의 무게를 가지고 있다는 말이 된다. 플로기스톤설의 영향 아래 학자들은 가스 또는 공기에 특히 관심을 갖게 되었고, 그 결과 18세기 후반에는 공기에 대한 놀라운 연구 결과가 계속 나왔다.

나중에 라부아지에에 의해 플로기스톤이란 신비스런 물질은 존재하지 않는 허구임이 드러나 플로기스톤설은 부정되었다.

2) 블랙(J. Black, 1728~1799)

1756년 석회석을 가열하면 많은 기체가 나오는 것을 알아내고 이 기체를 '고정된 기체(fixed air)'라 불렀는데, 이 기체는 고체의 일부분으로 고정되었다가 분리돼 나왔기 때문이다. 이 기체는 또한 숯이 탈 때와 인간이 숨을 내쉴 때 폐에서 나온다는 것도 밝혀졌다. 이것은 오늘날의 이산화탄소(CO_2) 또는 탄산가스라 알려져 있는 것이다. 블랙은 화학 반응의 앞뒤에 반드시 천평으로 정확한 무게를 측정하여 화학을 정밀 과학으로 승화시키는 데 공헌하였다.

3) 카벤디쉬(H. Cavendish, 1731~1810)

카벤디쉬보다 훨씬 앞서 보일이 만들어 낸 '탈 수 있는 공기(inflammable air)' 를 자기도 만들어 낸 다음, 그것을 '고정된 공기' 와 정밀히 비교한 결과 이들이 서로 다른 기체임을 확인하였다. 카벤디쉬가 1766년 만들어낸 '탈 수 있는 공기' 는 오늘날의 수소(H)에 해당되는 것이다.

4) 프리스틀리(J. Priestley, 1733~1809)

역사상 처음 탄산수를 만들어 청량 음료의 창시자가 되었다. 1744년 산화수은을 밀폐하여 열을 가한 결과 어떤 기체를 얻을 수 있었다. 이 기체 속에서는 촛불이 더 잘 타고, 생쥐가 더 오래 살 수 있음을 발견한 그는 이 기체가 호흡과 연소에 꼭 필요한 것임을 알아냈다. 이 기체를 '플로기스톤 없는 기체' 라 불렀는데, 오늘날의 산소(O_2)이다.

이 결과를 본 카벤디쉬는 전혀 뜻밖의 사실을 다시 알아내었다. 카벤디쉬는 물이 원소가 아니라 화합물이며, 자기가 발견한 '탈 수 있는 공기' 와 프리스틀리가 발견한 '플로기스톤 없는 기체' 를 섞은 혼합물을 전기 스파이크를 가하여 물로 만들 수 있었던 것이다.

이처럼 블랙, 카벤디쉬, 프리스틀리 등 영국의 여러 화학자들은 새로운 기체를 발견하고 연구하면서 화학의 신세계를 개척하였다.

5) 라부아지에(A. L. Lavoisier, 1743~1794)

라부아지에는 근대 화학의 아버지이다. 그는 '플로기스톤 없는 기체' 의 중요성을 인식하였는데, 프리스틀리가 행한 산화수은에서의 '플로기스톤 없는 기체' 의 생산만이 아니라 다른 금속 산화물도 비슷한 실험을 반복하여 이들 실험을 엄밀한 계량을 통해 붉은 산화수은이 잃은 무게와 거기서 나온 기체의 무게가 정확히 똑같음을 증명하였다. 그는 이 기체를 '산을 만드는 것' 이라 불렀는데, 그 후 산소란 용어로 되었다. 그는 가연성 물질에 플로기스톤이 들어 있다는 이론은 잘못된 것이며, 연소란 산소와의 급격한 결합일 뿐 플로기스톤이란 신비스런 물질은 없다고 주장하였다.

또한 화학적 변화에서 물질은 창조되지도 않고 소멸되지도 않는다고 하였다. 그는 화학 변화의 전후에 엄밀한 측정을 실시하여 물질의 양은 항상 일정하게 유지되고 있음을 증명하여 '질량 보존의 법칙'을 발견하였다. 라부아지에는 카벤디쉬의 실험(자기가 발견한 '탈 수 있는 공기' 즉 수소와 프리스틀리가 발견한 '플로기스톤 없는 기체' 즉 산소를 섞은 혼합물에 전기 스파이를 가하여 물로 만들 수 있는 실험)을 반복하여 산소와 수소를 결합하면 물이 되고, 반대로 물을 분해하면 산소와 수소가 부피 2 : 1 비율로 생산되는 것을 증명하였다. 그는 원소의 개념을 확립하였는데, '원소란 우리가 현재 알고 있는 어떠한 수단을 써도 그 이상 분해할 수 없는 물질'이라고 정의하였다. 1789년 『화학의 기초이론』을 출간하였는데, 이 책에는 33종의 원소가 들어 있었다.

보일에서부터 라부아지에까지의 기간은 근대 화학사의 먼동이 트는 시대로서 많은 새로운 원소가 계속해서 발견되었다. 라부아지에 이후 달톤(Dalton)이 화학적인 원자, 아보가드로가 분자의 개념을 확립한 후부터는 계속해서 신원소가 발견되었으며, 1869년 멘델로프(Mendelew)가 원소의 주기율표를 완성하였다. 멘델로프는 당시 알려져 있었던 63종의 원소를 8행 12단으로 배열하고, 미 발견 원소를 예언하였는데, 지금은 약 115여 종의 원소가 발견되었다.

근대 화학은 새 원소가 발견됨에 따라 무기화학 분야가 확대되어 발전되었으며, 유기화학은 1828년 독일 뵐러(Wohler)가 요소를 인공적으로 합성하여 유기화학이 시작되었다. 유기화학이란 탄소 화합물(CO, CO_2, H_2CO_3 등)을 취급하는 화학인데, 유기 화합물은 50~75만 종에 이른다. 무기화학은 탄소 화합물 이외의 화합물을 대상으로 하는 화학으로 무기화합물은 26,000개 정도이다. 19세기 후반부터는 물리화학이 발전하였는데, 원자 · 분자의 구조론, 기체 · 고체 · 액체론, 용액론, 반응속도론, 열화학, 광화학, 전기화학, 결정화학 등 이론화학이 모두 포함된다. 최근에는 양자화학, 화학물리학, 생물물리화학, 생화학, 고분자화학 등이 발전하고 있다.

3절 | 산업 혁명의 배경

17세기의 과학 혁명을 뒤이은 18세기는 과학과 기술에 있어서 앞으로 커다란 발자국을 내디딘 세기이다. 17세기가 정체된 고대와 중세의 굴레를 벗어나는데 모든 힘을 기울였다면, 18세기에 들어서서는 더 이상 과거의 굴레는 없어졌고 자유롭게 새로운 과학과 기술을 발전시킬 수 있었던 것이다.

특히 주목할 것은 18세기에 산업 혁명이 발생하였다는 것이다. 시기적으로 과학 혁명의 뒤를 이어 나타났기 때문에 과학 혁명의 결과 산업 혁명이 일어났다고 느낄 수도 있겠지만, 적어도 산업 혁명의 초기에는 과학의 진보와는 아무런 관련이 없었다는 것은 확실하다. 그러나 그 후 산업 혁명이 성공하여 뿌리를 내릴 수 있게 된 데에는 과학의 공헌이 중요하였다. 특히, 산업 혁명의 견인차 역할을 한 증기기관의 발달에 있어서 과학은 매우 중요한 역할을 하였다.

전체적으로 볼 때에는 산업 혁명의 동기는 자본주의의 발달에 있었다. 상인과 소규모 제조업자들이 지배하는 사회 구조로부터 자본가와 공장제 기계공업이 지배하는 단계로의 이행에 있어서 체제화 되기 시작한 자본주의 경제 체제로 인한 수요의 폭발적 증가로 인하여 대규모 생산에 필요한 기술의 개발이 절실하였던 것이다. 이 단계에 있어서는 아직 과학의 발달 수준은 사회의 요구를 채워줄 수 있는 정도는 아니었다. 천체의 운동, 물체의 운동을 설명하는 역학의 거의 체계를 갖추고 있었지만, 열역학이나 화학과 같은 분야는 아직 근대화 단계에 접어들지 못하고 있었던 것이다.

다른 의미에서 볼 때, 과학 혁명과 산업 혁명 그리고 자본주의의 형성은 약간의 시차가 있기는 하지만 동시대적으로 발생하였다고도 볼 수 있다. 서로의 상관 관계를 밝히는 것은 결코 쉬운 일이 아니지만 이들이 동시대에 발생한 것은 결코 우연이 아니다. 발전의 단계에 있어서 어떤 때에는 어느 하나가 주도하였으며 어떤 때에는 다른 것이 이끌어 나가기도 하였다. 과학이 특히 기술과 경제의 발전에 미친 영향을 파악하는 것과 반대로 기술과 경제가 과학의 발전에 어떠한 영향을 미쳤는가를 추적해 보는 것은 중요한 일일 것이다.

먼저 17세기 말의 시대적 상황을 살펴볼 때, 주목하여야 할 것은 이미 17세기 말 경에는 자본주의 생산 양식이 상당히 진전하고 있었다는 점이다. 아직 일각에 불과하기는 하였지만 도시의 중산 계급은 어느 정도 봉건제도의 속박에서 벗어나고 있었다. 항해술의 발달과 새로운 세계의 개척으로 인하여 자원의 획득과 생산물의 판매량이 증가하였으며 점점 상인들은 자본을 축적하기 시작하였다. 여전히 생산은 수공업적으로 이루어지고 있었지만, 점차로 상인과 자본가의 매뉴팩처가 생산을 지배하고 있었으며, 직원과 농부는 임금 노동자의 처지로 떨어지고 있었다.

시장이 점점 확대되고 도시 길드가 해체되어 제조업의 활동 영역이 확대되었으며, 무역의 발달로 인하여 투자의 기회가 넓어지게 되자 방적 기계와 증기기관과 같은 혁명적인 과학적 발명이 필요하게 되었다. 그 이전에는 이러한 기계들에 대한 수요가 없었으므로 비록 누군가 발명하였다고 하여도 사장되었겠지만, 시장 경제의 확장과 수요의 증가는 이런 생산성이 높고 출력이 큰 기계의 출현을 바라고 있었던 것이다.

18세기에는 노동 조직의 개선, 분업과 전문화, 공장 제도, 그리고 동력으로 움직이는 기계 등이 본격화되어 원가가 절감되었고 생산량과 이윤이 크게 증대되기 시작하였다. 한 분야의 성공은 점차 확산되어 여러 분야에 파급 효과가 나타나기 시작하였다. 18세기에는 아직 산업에 있어서 과학의 역할은 어디까지나 보조적이었다. 아직 새로운 과학적 발견이나 발명의 결과가 실용화되어 산업에 영향을 주지는 못하고 있었으며, 다만 과학적 정신에 영향을 받은 다수의 사람들이 산업의 부흥에 지도적인 영향을 행사하였다.

19세기에 들어서자 과학은 드디어 기술에 있어서 주도적인 역할을 하기 시작하였고, 체계적인 과학 지식을 받지 않고서는 산업 기술을 이해하기 어려워졌다. 증기기관은 열역학의 발전으로 인하여 효율과 성능이 개량되었으며, 화학의 근대화와 더불어 화학 산업이 본격화되기 시작하였고, 전기기학의 발달로 인하여 전기공업이 시작되었다. 산업 혁명의 초기에는 재래식 기술을 모아서 공장제 생간으로 체재 전환을 통하여 생산량을 늘린 반면에 이러한 새로운 과학적 발전은 과거에는 없었던 새로운 산업 기술 분야를 개척하는 데 기여하였다.

이미 19세기 중반에는 세계적으로 자본주의의 지배가 확장되었다. 이와 함께 자본주의의 많은 문제점들도 노출되기 시작하였다. 이윤을 위한 생산이라는 근본적인 동기 때문에 자본가는 노동자를 착취하여 더 많은 이윤을 남겨 거대 자본으로 성장하려고 하였으며, 이 과정에서 노동자의 노동 조건은 더할 나위 없이 열악하게 되었다. 또한, 시장 경제의 특성상 호경기 다음에 불경기가 발생하였으며, 시장의 확장에 따른 국제적 경쟁으로 인하여 국제사회에 긴장감이 발생하였다. 20세기에 발생한 양대 전쟁은 19세기의 자본주의의 무한 성장과 긴밀한 관계를 갖고 있다고 볼 수 있을 것이다.

17세기 중엽에 폭발적으로 일어난 새로운 과학에 대한 열망은 18세기에 들어서자 쇠퇴하기 시작하였다. 이러한 현상은 과학 혁명을 주도한 영국을 위시하여 나타난 세계적인 현상이었다. 그 이유의 일부는 과학 자체에 있었다. 뉴턴의 연구 결과는 사실상 거의 완성된 형태의 것이었으며 그 후대의 사람들이 기여할 것이 별로 없었다. 따라서 사람들은 더 이상 새로운 것이 나타나지 않는 상황에서 새로운 과학적 발견에 대한 호기심이 저하되었다.

또 다른 이유는 사회적 경제적 요인이었다. 17세기의 과학적 변혁을 주도해 나간 계급, 즉 항해와 상업 및 수공업에서 새로운 과학에 기초한 신기술의 이용에 관심이 있던 부유한 상인의 시대는 지나갔고 이러한 진취성이 결여된 세대가 그들을 이었다. 즉, 산업 혁명을 일으킨 소수의 수공업자들은 과학이 무엇인지도 몰랐다. 18세기 초 그들은 개량된 기술을 이용하여 직물과 수공업 제품의 생산량을 증대하는 데에만 관심이 있었다. 이러한 시대적 경향은 자연히 왕립 학회와 같은 과학 학회에 반영되어 과학자들은 상업에 기여하려는 의욕이 상실되었으며 과학 자체도 잠시 쇠퇴하였다.

이러한 와중에서도 기술의 발달에 대한 수요는 증가하고 있었다. 특히 17세기 네덜란드에서 개량된 농업 기술이 도입되어 영국의 농업 기술이 급속하게 개량되었으며, 상업적 농업이 확장될 수 있었다. 그러나 이러한 상업적 농작은 사회적으로 부당하고 잔인한 엔클로우저법을 만들었으며 강제로 농민들을 추방하였다.

결정적으로 중요한 또 하나의 변화는 채탄과 수송 수단의 발달이었다. 그 원인은 당시까지 주된 에너지원으로 사용되던 목재의 고갈에 있었다. 목재를 연료로 사용하던 서섹스의 위필드 같은 오래된 철의 생산지들은 목재의 고갈로 인하여 쇠퇴하기 시작하였고, 대신 목재를 대량 공급할 수 있는 스웨덴과 러시아가 철의 주생산지로 떠올랐다. 목재의 부족은 철의 생산뿐만 아니라 16세기 후반의 사회 전체적으로 심각한 에너지 고갈 현상으로 이어졌다. 상업이 번창하기 시작하자 선박 건조, 건축, 땔나무, 소금과 비누의 제도 등등 사회 전방에 목재는 점점 많이 소비되었으며 이는 곧 목재의 기갈로 나타났다. 그 대책으로서 로마와 중세로부터 알려져 있던 얕은 지층의 석탄에 손을 대는 수밖에 없었다. 당시 석탄은 상당히 불결한 것으로서 법률적으로 사용이 금지되고 있었으나 연료가 부족한 시민들은 이미 사용하고 있었다. 16세기에 땔나무의 가격이 천정부지로 치솟자 석탄의 사용은 광범위하게 확산되었으며 동시에 석탄 생산량도 크게 증가하기 시작하였다. 1564년부터 1634년 사이의 70년 동안에 뉴캐슬로부터 실어온 석탄의 양은 14배나 증가하였으며 매년 50만 톤에 육박하였다.

석탄의 생산과 소비가 늘어나자 필연적으로 채굴이 쉬운 얕은 지역의 석탄은 고갈되었으며 점점 갱도가 깊어지게 되었다. 따라서 석탄을 실어 나르고 갱도 속의 물을 퍼 올리는 작업이 매우 중요한 과제로 부상하였다. 여기에서 나무로 만든 '철도'가 등장하였고 증기기관이 발명되게 되었다. 석탄에 기초한 중공업의 발달과 철과 강철을 만드는 제철법의 발달은 산업 구조를 급격하게 변화시켰다. 이러한 기술 발달의 배후에는 광산에서 물을 퍼 올리는데 필요한 증기기관과 목탄 대신 훨씬 효율적으로 철을 제조할 수 있는 코크스의 사용법의 발명이 있었다. 이러한 기술이 없이는 아마도 산업 혁명은 불가능하였을 것이다.

이 단계는 전원에 기초한 폐쇄적 경제 구조에서 탄전에 기초한 산업적 경제 구조로, 식량의 경제에서 동력의 경제로 이행하는 전환기였다. 이때부터 산업과 문명의 중심은 석탄 채굴장으로 옮겨졌고, 철 생산의 주도권도 스웨덴과 러시아로부터 다시 영국으로 돌아왔다. 그리고 400년 이상 산업의 중심지가 되어 영국이 세계를 지배하게 되었던 것이다.

영국과 스코틀랜드를 중심으로 발생하던 산업 혁명의 시기에 아직 프랑스는 수공업 단계에 머물고 있었다. 그럼에도 과학 분야에 있어서는 많은 발전을 이룩하고 있었다. 프랑스에 영국의 과학을 소개한 중심적인 인물은 볼테르(Voltaire, 1694~1778)였다. 그는 영국으로 건너가 변화하고 있는 영국의 과학을 보고 크게 감탄하였으며, 이것이야말로 프랑스를 새롭게 변화시킬 수 있는 것이라는 확신을 갖게 되었다. 따라서 그는 프랑스로 돌아와서 프랑스 과학의 발전을 위하여 많은 노력을 기울였다.

제12장 19세기의 과학

18세기가 이성의 시대였고 계몽주의시대였다면 19세기는 그에 대한 반성과 수정의 1백 년이었으며, 낭만주의시대였다. 진보(발전)에 대한 믿음도 18세기로부터 19세기로 계승되었는데, 18세기의 진보가 성급한 진보관이었다면, 19세기의 진보는 좀 긴 시간에 걸친 진보를 믿는 태도로 수그러들었다.

프랑스 혁명 등 몇 차례의 혁명이 모두 실패로 돌아간 뒤 유럽 사람들은 '시간의 뜻'을 발견하기 시작했다. 인간사회란 오랜 시간 속에서 서서히 변해 가는 것이라는 진화관이 대두하면서 뉴턴역학이 만들어준 기계적 우주관은 위력을 잃어가고 그 대신 존재 그 자체보다는 그 속에 일어나는 생성 변화를 중시하는 태도가 나타났다. 존재 그것(being)보다 바뀌어 가는 과정(becoming)에 보다 관심을 기울이게 된 것이다. 즉 물리적인 입장보다 생물학적 입장이 더 강조되는 시대여서 19세기는 생물학의 시대였다. 19세기의 이런 특징을 우리는 낭만주의(Romanticism)라고 부른다. 문학, 미술, 음악 등 문화의 모든 측면에서 19세기는 낭만주의시대였다. 차디찬 이성만을 강조하기보다는 인간적인 정열과 감성의 중요성을 인정하려는 낭만주의의 태도는 과학 연구에도 그대로 반영되었다. 낭만주의의 본 고장 독일에서 괴테, 라이프니츠, 헤르더, 쉘링 등 철학자와 문학가에 의해 전개된 소위 '자연철학'이란 바로 낭만주의적 과학 연구의 시작을 뜻하는 것이었다.

19세기 과학사의 또 하나의 특징은 산업 혁명에서 찾을 수 있다. 19세기 초부터 가속화한 산업 혁명은 처음에는 과학과는 별개의 전통을 이루어 발달해 온 기술의 꽃이었다. 그러나 증기기관의 발명 이래 과학과 기술은 서서히 손을 잡으며 산업화 시대는 가속해갔다. 급속한 산업 혁명은 노동자와 자본가라는 사회 계급을 낳아 새로운 계급사회를 불러왔는가 하면 자본주의시대의 문을 활짝 열어주었다.

19세기 과학의 다른 한 가지 특징은 전문화와 조직화를 들 수 있다. 18세기까지 자연철학이라고 불렸던 학문 분야가 과학이란 말로 불리기 시작한 것은 19세기 초부터이다. 18세기의 자연철학자들은 오늘날 우리가 물리 · 화학 · 생물 등으로 나눠 부르는 모든 분야를 다 같이 연구했던데 반해 19세기 과학자들은 비로소 물리학자, 과학자, 생물학자라는 전공 분야에 따라 달리 불릴 수 있게 되었다. 19세기는 또한 과학의 발달에 자극받은 인문학자들이 인간사회의 연구에도 과학의 방법을 원용하려는 노력이 본격적으로 시작되어 처음으로 사회학이란 학문이 시작되었다. 17세기 이래 과학의 급속한 발달이 길러온 과학 지상주의 또는 과학주의 풍조가 19세기에 이르러 그 정점에 이르고 있었던 것이다.

1절 | 19세기의 과학

1. 열역학과 에너지 보존

1) 카르노(S. Carnot, 1796~1832)

증기기관을 이론적으로 연구하여 열역학의 문을 열어준 학자이다. 산업 혁명의 추진력으로 증기기관은 19세기 초 여러 사람의 관심을 끌었는데, 이 문제를 정밀 과학의 경지로 끌어 올린 것은 카르노의 공적이었다.

카르노는 1824년 『불의 기동력에 관하여』라는 책에서 증기기관을 물레방아에 비유해 설명하였다. 물레방아를 돌려주는 힘이 물의 낙차(落差)와 수량(水量)에 따라 달라지듯이 증기기관도 이동된 열소(熱素)의 양과 온도의 차이에 따라 그 얻는 동력이 다르다는 것이 카르노의 기본적 입장이다.

1830년 카르노는 열이란 알맹이의 운동에 지나지 않으며 열과 운동에너지는 서로 바뀔 수 있는 똑같은 것임을 발견하였다. 자연계에 존재하는 여러 가지 '힘', 즉 열이나 기계적 에너지 등 사이에 어떤 관련이 있다면 그것이 사실은 모양만 다른 형태의 에너지로 서로 바뀔 뿐이 아닐까? '에너지 보존의 법칙' 이라 불리는 이런 생각에 대해 카르노의 업적은 알려지지 않았다.

2) 마이어(J. R. Mayer, 1814~1878)

마이어는 1842년 자연 속에 존재하는 여러 가지 힘에 관한 연구를 발표하였다. 낙하하는 힘 운동, 열, 빛, 전기 등은 모두 같은 것이 다른 형태로 나타난 것이라고 주장하였다.

그러나 1842년 마이어에 의해 밝혀진 '에너지 보존의 법칙' 은 그대로 인정되지 않았다. 마이어의 주장은 무시되었다가 영국에서 이 법칙이 독자적으로 발견되면서 영국의 물리학자 틴들(J. Tyndall)이 1862년 영국에 마이어를 소개함으로서 인정받게 되었다.

3) 줄(J. P. Joule, 1818~1889)

모터를 연구하던 줄은 전류가 흐르면서 발생하는 열에 주의를 기울인 결과 오늘날 '줄의 법칙' 으로 알려진 전열(電熱) 효과를 측정할 수 있었다($Q=0.24I^2Rt$). 줄은 발전기의 기계적인 일이 전기를 발생시켜주고 그 전기가 다시 열을 생기게 해준다는 사실을 주목하였다. 줄은 전기를 매개로 하여 일과 열 사이에는 서로 바뀔 수가 있는 것이 아닐까 하는 생각에서 1843년 실험을 통해 열의 일 당량(當量)을 계산했는데, 이런 정밀 실험을 통해 1847년 줄은 일반적인 '에너지 보존의 법칙' 을 천명하였다.

4) 헬름홀츠(H. Helmholtz, 1821~1894)

헬름홀츠는 마이어와 줄과는 달리 독자적으로 '에너지 보존의 법칙'을 주장하였다. 헬름홀츠는 1847년 『힘의 보존에 대하여』를 저술하여 일반적으로 힘이라고 표현되고 있던 모든 에너지가 사실은 모양만 바꿀 뿐 없어지지 않는 것이라고 주장하였다.

2. 광학

빛이란 무엇인가에 대한 의문에 뉴턴과 호이겐스는 서로 대립되는 학설을 주장하였는데, 뉴턴은 입자설을 주장한 반면 호이겐스는 파동설을 주장하였다. 18세기 동안 빛의 굴절이나 반사 또는 속도 문제에 대해 몇몇 학자들이 연구 결과를 발표하였으나 대체로 뉴턴의 입자설이 지배하는 가운데 별다른 업적은 없었다. 그러나 19세기와 함께 이와 같은 광학의 상태에서 변화가 시작되었다.

1) 영(T. Young, 1773~1829)

영은 1800년 '빛과 소리에 대한 개설 및 실험'을 발표하여 광선이란 일종의 파동이라고 주장하여 뉴턴에 반대하였다. 1807년 영이 저술한 『자연철학 강의』 책에는 유명한 빛의 간섭 실험이 담겨있다. 그러나 영의 빛 파동설은 과학자들에게 널리 인정받지 못하였다. 그만큼 뉴턴의 무게가 무거웠고, 영의 설명은 분명치 못한 부분도 있었다. 빛의 파동설이 학계에 인정을 받게 되기에는 프랑스 공학자 후레늘(A. J. Fresnel)의 노력 때문에 가능하였다.

2) 후레늘(A. J. Fresnel, 1788~1827)

후레늘은 1815년부터 약 10년간 영(Young)이 이룩한 업적을 보다 정밀한 수학적 표현으로 바꿔 놓았고, 많은 실험을 통해 파동설을 움직일 수 없는 사실로 만들었다.

19세기와 함께 과학자들은 적외선과 자외선도 발견하였다. 1800년에는 허셀(W. Herschel)이 적외선을, 1801년에는 리터(J. W. Litter)가 자외선을 발견하였다.

19세기 동안 있었던 광학의 발달에서 빼놓을 수 없는 것이 빛의 속도 측정이다. 1849년 휘조(H. Fizeau)와 1850년 후코(J. Foucault)는 톱니바퀴와 거울을 이용하여 빛의 속도를 측정하였다. 후코는 공기 속에서 빛의 속도는 물속에서 보다 빠르다는 것을 발견하여 빛의 파동설을 증명하였다.

3. 전기

19세기와 더불어 실용화되기 시작한 전지는 연속적인 전류를 공급하게 되어서 전기 연구에 중요한 전환점이 되었다. 전지의 발명을 이용한 첫 번째 중요 실험은 물의 전기 분해이다.

1) 니콜슨(W. Nicholson, 1753~1815), 칼라일(A. Carlisle, 1768~1840)

전극을 물속에 넣어 산소와 수소를 분리하였다.

2) 페러데이(M. Faraday, 1791~1867)

1833년 전기 분해로 나오는 물질의 양은 통과한 전기량에 비례한다는 사실을 실험을 통해 증명하였다.

3) 옴(G. Ohm, 1789~1854)

1826년 전류와 저항 사이의 관계를 밝혀내어 '옴의 법칙(Ohm's law)'을 주장하였다.

옴의 법칙은 전류의 세기는 두 점 사이의 전위차(電位差)에 비례하고, 전기 저항에 반비례한다는 법칙이다.

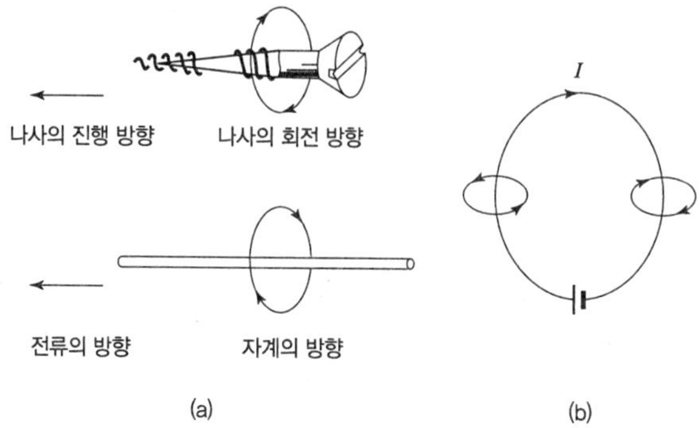

암페어의 법칙

4) 암페어(A. Ampere, 1775~1836)

1820년 두 개의 나란한 도선에 전기를 통해본 결과, 전류의 방향이 같을 때에는 서로 미는 힘이 전류의 방향이 반대일 때는 서로 인력이 작용함을 발견하여 '암페어의 법칙(Ampere's law)'을 주장하였다. 암페어의 법칙은 전류가 흐르고 있는 도체 주위에는 자계가 발생하며, 자계의 방향을 오른 나사의 회전 방향으로 잡으면 전류의 방향은 그 나사의 진행 방향이 된다는 것을 설명한 법칙이다.

5) 아라고(D. Arago, 1786~1853)

전자석(electromagnet, 電磁石)을 발명하였는데, 전자석(電磁石)은 전류가 흐르면 자기화(磁氣化)되고, 전류를 끊으면 자기화되지 않은 원래의 상태로 되돌아가는 자석을 말하는 것이다.

6) 맥스웰(C. Maxwell, 1831~1879)

수학적인 이론의 확립으로 전자기학(電磁氣學)을 현대적 정밀 과학으로 끌어올렸다.

발전기와 전동기를 시작으로 한 전기시대는 미국의 에디슨(T. Edison, 1847~1931)으로 대표되는 19세기 하반기의 놀라운 발명에 힘입어 가능해진 것이다.

4. 원자와 분자의 세계

1) 달톤(J. Dalton, 1766~1844)

달톤은 19세기 초 최고의 화학자이다. 달톤은 1803년 두 가지 원소가 결합하여 두 가지 이상의 서로 다른 화합물을 만들 경우 두 원소의 무게 사이에는 간단한 비율이 성립한다는 것을 발견하였는데, 이것이 배수비례의 법칙이다. 배수비례의 법칙은 두 가지의 원소 A와 B가 화합하여 두 가지 이상의 화합물을 만들 때 A의 일정량과 화합하는 B의 질량 사이에는 간단한 정수비가 성립한다는 법칙이다.

▶ 배수비례의 법칙 예

탄소와 산소로 구성된 화합물에는 일산화탄소(CO)와 이산화탄소(CO_2)가 있다. 이때 탄소 12 g에 대하여 일산화탄소는 산소 16 g이 반응하고, 이산화탄소는 산소 32 g이 반응하므로 두 화합물에서 탄소 일정량에 대한 산소의 질량비는 1 : 2가 된다.

이와 같은 규칙적인 결합 관계를 설명하기 위해 달톤은 예부터 전해오는 원자란 개념을 부활시켰다. 그리스 이래의 원자 개념은 단순히 다른 종류의 물질은 다른 종류의 원자로 되어 있다는 개념이었다. 그러나 달톤의 원자론은 각각의 원소는 서로 모양과 무게가 다른 원자로 되어 있다고 주장하였다. 그러나 달톤의 원자는 아직 오늘날의 원자 개념만큼 완벽하지 못하였다. 수소와 산소의 원자를 이야기하면서 동시에 물의 원자도 인정하는 모순을 보이고 있었기 때문이다. 이러한 모순은 달톤은 아직 분자란 개념에 이르지 못하고 있었기 때문이다.

2) 아보가드로(A. Avogadro, 1776~1856)

아보가드로는 달톤이 생각하지 못한 분자란 개념에 처음 도달한 사람이다. 그는 같은 온도와 압력 아래에서 같은 부피의 모든 기체는 같은 수의 분자로 이루어졌다는 가설을 내세웠는데, 이것이 바로 '아보가드로 가설' 이다. 아보가드로가설은 1811년에 발표되었는데, 2부피의 수소와 1부피의 산소가 결합하면 왜 3부피가 아닌 2부피의 물을 만드는가를 잘 설명하였다. 따라서 아보가드로는 수소나 염소 또는 기타 기체 원소는 원자 2개가 모여 분자 1개를 만든다고 주장하였다. 그러나 아보가드로의 이론은 50년 뒤 칸니짜로(S. Cannizzaro)가 다시 주장할 때 까지는 아직 '아보가드로의 법칙' 으로 인정받지 못한 채 분자 개념은 알려지지 않았다.

3) 베르셀리우스(J. Berzelius, 1779~1848)

베르셀리우스는 정량 실험을 통해 원자량을 알아내었고, 각 원소의 라틴 이름을 약자로 표시한 방법을 처음으로 고안하였다. 산소는 라틴 이름 Oxygenium에서 O로, 철은 Ferrum에서 Fe로 표시하는 방식이며, 이 방식은 오늘날까지 계승되고 있다.

4) 멘델로프(D. Mendeleev, 1834~1907)

멘델로프는 1869년 원소의 주기율표를 완성하였다. 그가 1870년 발표한 '원소의 자연 체계와 미발견 원소의 성질을 추정하기 위한 응용' 이란 논문에서 그의 원소표에 빈자리를 남겼고, 새로 발견될 원소가 어떤 성질의 것이라고 예측하였다. 멘델로프의 예언대로 그 후 원소는 발견되어 갔고, 원소의 주기율은 현대 화학의 근본이 되는 발견이 되었다.

족 주기	1	2	3	4	5	6	7	8	9	10	11	12	13	14	15	16	17	18
1	1 H																	2 He
2	3 Li	4 Be											5 B	6 C	7 N	8 O	9 F	10 Ne
3	11 Na	12 Mg											13 Al	14 Si	15 P	16 S	17 Cl	18 Ar
4	19 K	20 Ca	21 Sc	22 Ti	23 V	24 Cr	25 Mn	26 Fe	27 Co	28 Ni	29 Cu	30 Zn	31 Ga	32 Ge	33 As	34 Se	35 Br	36 Kr
5	37 Rb	38 Sr	39 Y	40 Zr	41 Nb	42 Mo	43 Tc	44 Ru	45 Rh	46 Pd	47 Ag	48 Cd	49 In	50 Sn	51 Sb	52 Te	53 I	54 Xe
6	55 Cs	56 Ba	57 La*	72 Hf	73 Ta	74 W	75 Re	76 Os	77 Ir	78 Pt	79 Au	80 Hg	81 Tl	82 Pb	83 Bi	84 Po	85 At	86 Rn
7	87 Fr	88 Ra	89 Ac**	104 Rf	105 Db	106 Sg	107 Bh	108 Hs	109 Mt	110 Ds	111 Rg	112 Uub	113 Uut	114 Uuq	115 Uup	116 Uuh	117 Uus	118 Uuo
			*란탄족	58 Ce	59 Pr	60 Nd	61 Pm	62 Sm	63 Eu	64 Gd	65 Tb	66 Dy	67 Ho	68 Er	69 Tm	70 Yb	71 Lu	
			**악티늄족	90 Th	91 Pa	92 U	93 Np	94 Pu	95 Am	96 Cm	97 Bk	98 Cf	99 Es	100 Fm	101 Md	102 No	103 Lr	

원소의 주기율표

2절 | 생물학의 혁명

고대적, 중세적 생물학에서 근대 생물학에의 대전환에 중요한 역할을 한 것은 2가지이다. 첫째, 16세기 신대륙의 발견으로 이루어진 상공업의 발달로 새로운 동식물이 많이 발견되어 레이(J. Ray)와 린네(Linne)에 의한 분류학이 발달된 것, 둘째, 17세기 현미경의 발달과 그 실용화로 미생물의 세계가 열린 것, 또한 생물의 미세 구조가 해명됨에 따라 비교해부학이 시작된 것이다.

생물학(Biology)이란 생명 현상 또는 생물에 관한 새로운 지식과 이것을 이해하려는 인간의 활동 모두를 포함하는 학문이다. biology란 용어는 1802년 라마르크(Lamark)와 트레비라누스(Treviranus)가 희랍어 bio(life)와 logos(study) 두 말을 결합하여 처음으로 사용하였는데, 19세기 이전에 생물에 관한 연구는 '자연지' 또는 '박물지(natural history)' 이다. 자연지란 자연계에서 볼 수 있는 생물상을 다방면에서 기재한 것이다.

생물학 혁명은 1838년, 1839년 슐라이덴(Schleiden)과 슈만(Schwann)의 세포설(모든 생물의 구조적이고 기능적인 생명의 단위는 세포이다.) 확립에서 시작하여 1859년 다윈(Darwin)이 『종의 기원』에서 진화론을 주장하고, 1865년 멘델(Mendel)이 『식물 잡종에 관한 연구』를 발간하여 유전 법칙을 발견한 19세기 중엽 20수 년간에 일어났다.

1. 발생과 세포

린네로 대표되는 18세기까지의 생물학은 생물 또는 생명 현상에 대한 과학이라기보다는 동식물의 수집과 분류에 주로 관심을 가진 박물학의 경지를 벗어나지 못한 것이었다. 그러나 그 가운데에서도 생명체가 어떻게 생겨나는가 하는 문제에는 많은 관심을 기울였고, 특히 현미경의 발명은 생물의 상세한 관찰을 가능하게 해 주었다. 18세기까지 학자들은 생물의 발생을 둘러싸고 전성설과 후성설 두 가지 이론으로 대립되었다.

전성설(preformation theory)은 18세기의 대표적인 사상으로 스와머담(J. Swammerdam, 1637~1680)이 주장하였는데, 한 개의 알 속에는 그 후 대대로 태어날 동물의 알이 미리 미세한 모양으로 들어있다고 하였다. 후성설(epigenesis)은 울프(C. Wolff, 1738~1794)가 주장하였는데, 알이 자라서 생명체가 생겨나는 과정은 아직 분화되지 않은 유기 물질에 생명력이 작용하여 비로소 가능하게 되는 것이라고 설명하였다. 후성설은 19세기에 들어오면서 활발해진 실험생물학의 도움을 받아 전성설을 물리치게 되었다.

폰 베어(E. Ven Baer, 1792~1876)는 근대 발생학의 토대를 완성하였는데, 모든 동물은 한 개의 수정란으로부터 분화하여 발생한다는 것이다. 바로 이 알이 한 개의 세포라는 생각은 19세기 초에 세포(cell)의 연구가 시작되면서 밝혀졌다. 로버트 훅(R. Hooke)이 1665년 코르크 작은 조각을 현미경으로 관찰하여 식물의 세포(cell)를 발견하였는데, 세포 속의 내용물이 없어지고 세포벽만 남은 죽은 세포를 관찰하였다. 그러나 생물의 기본 구성 요소가 무엇인가에 대한 의문에는 해답을 구하지 못하였다. 1839년 푸르킨네(J. Purkinje, 1787~1869)가 세포 속의 살아 있는 내용물을 확인하고 이를 원형질(protoplasm)이란 말을 사용했으며, 슐츠(M. Schulltze, 1825~1864)는 세포란 핵을 가지고 있는 작은 원형질 덩이라고 정의하였다.

2. 발생학과 미생물학

1) 발생학

모든 동식물은 수정란이라고 하는 하나의 단세포로부터 그 개체가 출발하는데, 수정란에서 시작하여 그 생물이 죽을 때까지의 생장 과정을 개체 발생이라고 하며, 이 개체 발생의 과정을 연구의 대상으로 하는 학문이 발생학(embryology)이다.

근대 초기에는 스와머담(Swammerdam)이 주장한 전성설이 대표적인 사상으로 성체의 형태가 발생의 시초부터 난자나 정자 속에 이미 이루어져 있어서 발생은 다만 그것이 발육하여 커지는데 지나지 않는다는 이론이다. 루이븐후크(Leeuwenhoek)가 포유 동물의 정충 발견 후에는 정충 속에 그 생물의 원기가 들어 있고 난자는 다만 토양과 같이 영양을 공급해 준다는 정원론자(spermist)와 난자 속에 원기(原基)가 들어 있다는 난원론자(ovist)로 대립되었다. 울프(Wolff)는 1759년 닭과 같은 동물의 기관 형성 과정을 면밀히 관찰한 결과 생물의 개체 발생이 전성적으로 행해지는 것이 아니고 처음에는 균질한 것으로부터 후성적으로 행해진다는 후성설(epigenes)을 주장하였다. 정충은 기생충이 아니고 동물의 체세포에서 생긴다는 것이 1841년 □ 리커(Kolliker)에 의하여 밝혀지고 난자도 세포인데 결국 수정으로 난할이 일어난다는 사실이 밝혀짐에 따라 정원론이나 난원론은 자취를 감추게 되었다.

2) 미생물학

미생물학은 19세기 생물학의 중요한 부분을 차지하고 있다. 미생물학이 발달되기 전 거의 지배적이었던 생각은 작은 벌레 같은 동물은 온도, 습도, 양분이 적당하면 흙 속에서 저절로 생겨날 수 있다는 자연발생설(spontaneous generation)이 지배하였다.

① 레디(F. Redi, 1626~1697) : 과학적인 실험을 통해 자연발생설에 의문을 제기하였다. 열린 용기와 밀폐한 용기에 각각 고기를 놓은 다음 관찰한 결과 열린 용기의 고기에는 파리가 드나들어 구더기가 생겼으나 밀폐된 용기에는 구더기가 생기지 않았다.

② 니덤(J. Needham, 1713~1381) : 레디의 실험을 반복하되 현미경을 사용하여 관찰하였다. 양고기 국을 끓여 용기에 넣고 코르크 마개로 막아 두었다가 며칠 뒤 열어 현미경으로 관찰한 결과 수많은 미생물이 관찰되어 니덤은 자연발생설을 믿을 수밖에 없었다.

③ 스팔라짜니(L. Spallazani, 1729~1799) : 니덤과는 달리 용기를 밀봉한 다음 그것을 여러 가지로 반복 실험한 결과, 30~45분간 끓는 온도로 가열한 후에는 며칠이 지나도 미생물은 생기지 않았음을 발견하였다. 이것은 자연발생설을 부정하는 것처럼 보였으나 자연발생설은 없어지지 않았다. 스팔라짜니의 실험에도 불구하고 자연발생설이 사라지지 않은 이유는 자연 발생을 믿는 사람이 보기에 그의 실험은 공기를 밀봉하고 오랫동안 가열함으로서 용기 속의 공기 자체를 죽였다고 생각했기 때문이다.

④ 파스퇴르(L. Pasteur, 1822~1895) : 1862년 파스퇴르는 길게 옆으로 구부린 관을 단 플라스크 속에 고기 국물을 넣고 오랜 시간 동안 가열한 뒤 며칠 동안 두었는데, 관이 길고 옆으로 나와 있기는 했지만 밀봉되어 있지 않았는데도 고기 국물은 부패하지 않았다. 그러나 이 관을 플라스크 바로 위에서 잘라버리자 몇 시간 만에 고기 국물은 부패하였다. 그 후 '파스퇴르 멸균법(pasteurziation)' 으로 잘 알려진 방식은 여기에서 그 원리가 발견된 것이다.

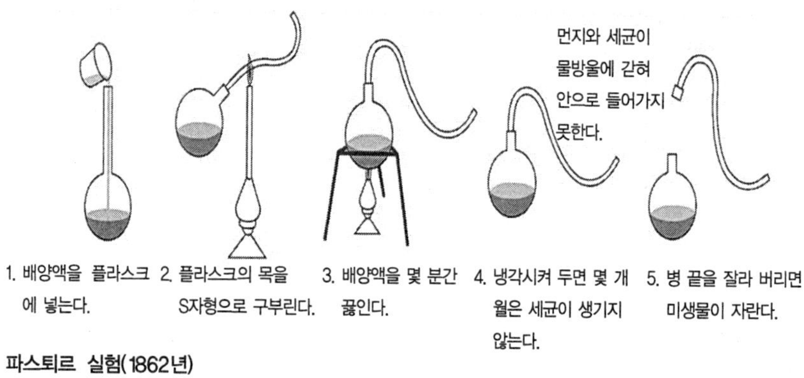

파스퇴르 실험(1862년)

파스퇴르에 의해 아무리 작은 미생물도 저절로 생겨나지 않는다는 사실이 증명되어 19세기 후반에는 자연발생설이 과학계에서 사라지게 되었다.

미생물에 대한 지식이 쌓이면서 미생물은 인간의 질병 특히 유행병과 관련이 있다는 것도 알려졌다. 파스퇴르 이전에도 이미 전염병이 어떤 미생물에 의한 것이라는 생각은 널리 퍼져 있었으나 파스퇴르는 질병과 미생물의 관계에도 결정적 연구를 하였다. 파스퇴르는 1865년 누에의 전염병은 2가지 박테리아로 인한 것임을 발견하였다. 또한 닭의 콜레라를 연구하고 백신(vaccine) 요법을 실험하여 성공하였다. 1885년에는 공수병의 예방 주사를 사람에게 시행할 만큼 파스퇴르의 미생물학은 예방 의학의 문을 활짝 열었던 것이다. 1888년 문을 연 파리의 파스퇴르 연구소는 오늘날까지도 중요한 연구소로 남아있다.

그 후 코흐(R. Koch, 1843~1910)는 탄저균, 콜레라균, 결핵균을 발견하였고, 그의 제자들은 티푸스균, 디프테리아균을 발견하였다.

19세기 말까지 웬만한 전염병의 병균은 모두 발견되었고 그 예방법이 널리 퍼져 유럽에서 이미 콜레라는 사라지고 있었다. 이토록 예방 의학의 발달에는 코흐가 발전시킨 미생물학 연구 기술이 그 바탕이 되었다. 그러나 19세기 말에 이르면서 일부 병은 박테리아보다 더 작은 병원체를 가진 것 같다는 사실이 밝혀졌다. 이런 병원체가 바이러스(virus)라 알려지게 되었고 소아마비, 천연두, 홍역 등 여러 질병은 바이러스에 의한 것임이 차차 밝혀졌다.

3. 진화론과 유전

19세기를 대표하는 단 하나의 과학적 업적을 들라면 그것은 다윈의 진화론이다. 진화론은 과학사에서만이 아니라 세계의 사상사에도 절대적인 중요성을 가진 것이다. 18세기 린네는 생물의 모든 종은 신이 창조한 대로 변함없이 유지된다는 종의 불변설을 주장하였다.

라마르크(Lamark, 1744~1829)는 종의 변화설을 주장하였는데, 1809년 『동물 철학』을 출판하여 동물의 종은 신이 창조한 것이 아니라 자연의 힘에 의해 자연 법칙에 따라 없어지고 생겨나고 변화해 간다는 것을 주장하였다. 그러면 그런 변화는 왜 일어나는가? 라마르크는 용불용설(用不用說)을 제시하였는데, 자주 많이 사용하는 신체의 부분에는 체액이 모여

초기의 기린은 목이 짧아 먹이를 먹으려고 목을 길게 늘이었다.

자손들은 목이 더욱 길어졌다.

결국 오늘날과 같이 기린의 목이 길어졌다.

라마르크의 용불용설

들어 그 부분은 더욱 강해지고 발달하지만, 반대로 사용하지 않는 부분은 점점 퇴화해버린다는 주장이다. 그러나 이 주장은 아무런 과학적 증거가 없어 지지를 받을 수 없었다.

다윈(Darwin, 1809~1882)은 1831년 영국 해군성의 남미 해안 조사선(비글호)에 박물학자로서 승선하여 5년 동안 미대륙, 아프리카, 오스트레일리아를 거쳐 학술 조사 항해에 참가하였다. 이 항해를 통해 그는 생물의 여러 가지 종은 원래 신이 창조한 것이 그대로 있는 것이 아니라 여건에 따라 변화하여 새로운 종이 생기고 또 없어지기도 한다는 진화설을 확고하게 믿게 되었다. 여기에는 갈라파고스(Galapagos) 군도에서의 경험이 결정적 증거를 제시하였다. 갈라파고스 군도는 10개의 섬이 중심이 되어 있고, 적도 근처의 이 섬들은 육지로부터 멀리 떨어져 있으며 섬들 사이는 아주 가깝다. 그럼에도 불구하고 이 섬들에서 같은 종류의 동물이 조금씩 서로 다른 모습을 가진 여러 변종으로 존재하고 있음을 관찰하였는데, 자연계에 존재하는 어떤 힘이 이런 변화를 일으키게 하는지를 설명할 수 없었다.

1838년 다윈은 맬더스(T. Malthus, 1766~1834)의 『인구론』을 읽었는데, 식량의 증가가 기하급수적으로 늘어나는 인구를 모두 배불릴 수 없다는 어두운 전망을 보고 먹이 때문에 일어나는 자연계의 생존 경쟁에 착안했다. 생물은 주어진 환경 속에서 생존 경쟁을 벌이기 마련이고 거기 적당한 자는 살아남고(적자 생존), 그렇지 못한 종류는 도태 당하고 만다(자

초기의 기린 중에는 목이 긴 것과 짧은 것이 있었다.

경쟁과 자연 선택에 의하여 목이 긴 기린만이 살아 남았다.

결국 목이 긴 기린만이 경쟁에서 살아 남았다.

다윈의 적자 생존과 자연도태설

연 도태). 즉 환경에 가장 잘 적응하는 변종은 살아남는다. 오랜 지구의 역사 속에서 이런 과정은 끊임없이 거듭되어 오늘날의 생물의 종은 생겨난 것이다. 바로 이것이 다윈이 얻은 결론이었다. 다윈은 비글호의 항해 이후 자료를 정리해 가면서 진화론을 확립했으나, 항해 중 건강을 해쳐 쇠약한 상태에서 그의 학설을 발표하지 못하였다. 이런 가운데 월레스(A. R. Wallace, 1823~1913)는 말레이섬의 생물 분포를 조사하여 다윈과 거의 똑같은 결론을 얻었는데, 1858년 월레스는 자기 생각을 논문으로 써서 다윈에게 보냈다. 이에 자극 받은 다윈은 1858년 7월 2일 런던의 린네 학회에 그의 진화설과 월레스의 이론을 함께 발표했고 이어 1859년 『종의 기원(The Origins of Species)』을 출판했다.

다윈의 진화론은 종교적으로, 사상적으로, 정치적으로 많은 영향을 후세에 미쳤다. 다윈이 생물학상에 끼친 영향은 사변적이던 진화론이 과학적 근거를 가진 확고한 학설로 등장함으로서 생물학은 자연과학의 뚜렷한 한 부분을 이루게 된 것이다. 다윈의 진화론이 끼친 사회적 영향은 진화론이 기독교 사상을 공격한 것이다. 신의 뜻을 자연의 변화 속에서 읽으려던 태도는 헛된 것이라고 다윈은 주장했다. 자연의 모든 진화는 누구의 뜻에 따라서가 아니라 자연 속에 있는 힘에 의해 기계적으로 이루어지는 것일 뿐이다. 따라서 "인간도 신이 만들려고 만든 것이 아니라 자연의 힘에 의해 저절로 생겨난 동물 중 가장 뛰어난 동물일 뿐이다."라고 주장하였다. 당시의 일부 기독교인들은 다윈의 진화론을 맹렬히 비판하였다.

다윈의 진화론이 끼친 사회 사상과 정치 사상적 영향은 개인과 개인, 기업과 기업, 또는 나라와 나라간의 경쟁을 통한 역사의 진보를 굳게 믿고 있던 19세기 유럽 사람들은 진화론에서 그들의 사회 사상에 대한 과학적 근거를 발견한 것이다.

아담 스미스(Adam Smith, 1723~1790) 이래 영국의 사회 사상은 이미 산업 혁명에 따른 경제적 자유 방임주의가 지배적이었다. 경쟁 예찬의 풍조는 점차 경쟁의 단위를 개인보다는 더 큰 사회 집단으로 보려는 경향을 낳았는데, 이와 같은 다윈 사상의 사회적 적용을 우리는 오늘날 '사회적 다윈주의(social darwinism)' 라 부른다.

멘델(Mendel, 1822~1884)은 1865년 '식물잡종에 관한 연구' 를 발표하여 유전법칙을 주장하였다. 그 당시에는 이 유전법칙이 인정받지 못하였으나, 1900년에 멘델의 유전법칙이 재발견되어 유전학이 발전하게 되었다.

멘델의 유전법칙 제1법칙은 우열의 법칙인데, 잡종 제1대에서는 양친의 대립 형질중 우성인 것만이 나타난다는 것이고, 제2법칙은 분리의 법칙으로 대립 인자는 생식 세포를 형성할 때 각각 다른 생식 세포 속으로 분리하여 들어간다는 것이다. 제3법칙은 독립의 법칙으로 두 쌍 이상의 대립 형질은 각각 독립적으로 유전한다는 것이다.

20세기 모간(Morgan)은 유전자설(gene theory)을 확립하였고, 밀러(Miller)는 1927년 X선 조사에 의한 초파리의 인위적 돌연변이 유발에 성공하여 세포유전학을 확립하였다.

1945년 이후에는 전자 현미경이 발명되어 방사성 동위원소를 tracer로 사용하여 생물을 분자 수준에서 연구하게 되어 분자생물학이 발달하였는데, 유전 인자의 구조와 기능을 분석하게 되었다.

그 후 1953년 왓슨(Watson)과 크릭(Crick)이 DNA의 이중나선구조를 규명하여 유전공학이 비약적으로 발달하게 되었다.

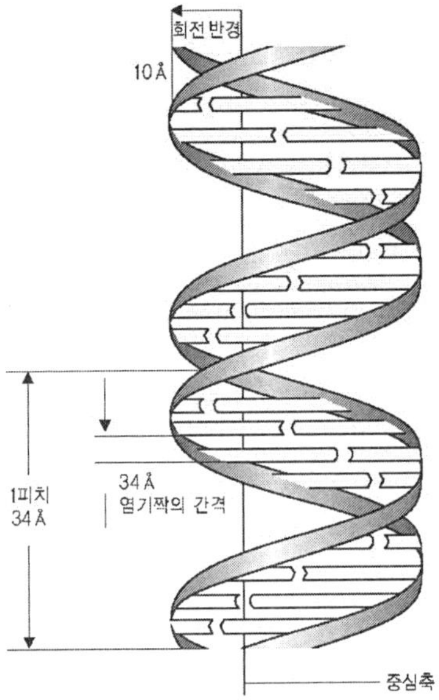

DNA의 이중나선구조

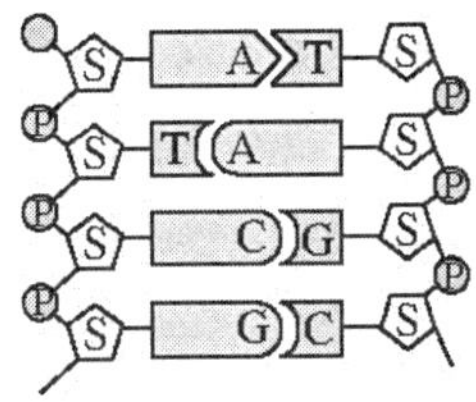

두 가닥의 뉴클레오티드 연결체로 구성된 DNA의 이중나선구조는 A – T, G – C의 짝짓기에 의해 두 사슬이 서로 결부되어 있다.

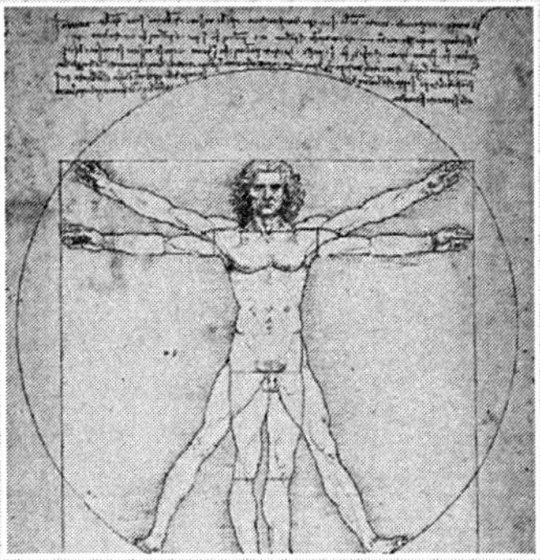

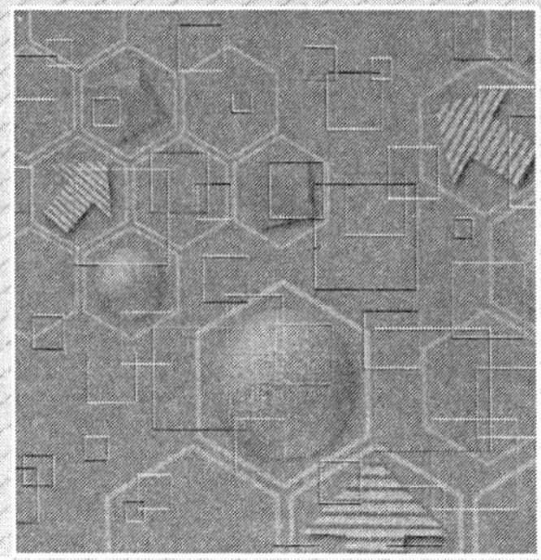

Comprehension of Science History

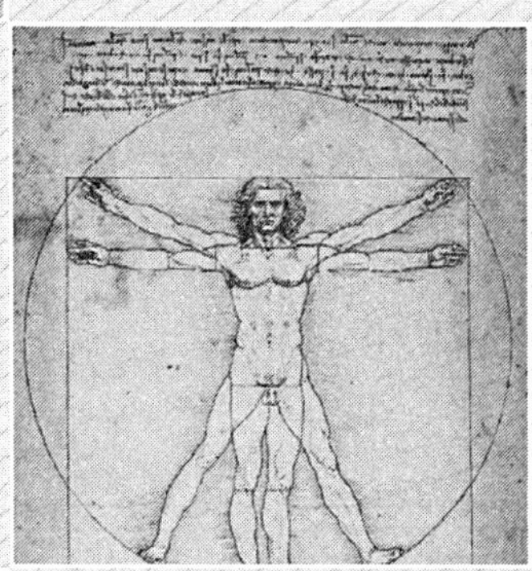

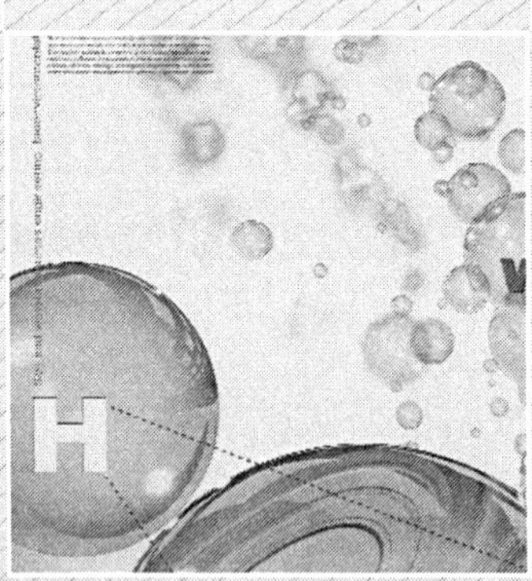

과학사 이해

제 5 부

20세기와 현대 과학

제13장 20세기의 과학

19세기에 걸쳐 발전하기 시작한 과학은 20세기에 와서는 그보다 더 빠른 속도로 발전을 거듭했다. 그 발전은 과학적 발견의 가속화에만 그친 것이 아니었다. 이전보다 더 많은 과학자들이 훨씬 더 강력하고 정교한 기구를 사용해서 얻게 된 결과는 매우 놀라운 것이었으며, 불과 몇 세대 이전에는 상상조차 할 수 없는 일들이 벌어지게 되었다. 20세기의 과학은 기술의 눈부신 성장에 힘입어 그 모습을 바꾸었고, 많은 새로운 분야의 연구가 촉진되었다. 20세기의 과학사를 분야별로 보면 4가지 기본적인 것이 있다. 첫째, 양자역학의 발달(원자로부터 원자핵, 소립자, 기본 입자의 흐름), 둘째, 전자공학(컴퓨터)의 발달, 셋째, 고분자화학의 발달, 넷째, 생명공학(특히 분자생물학)의 발달이다.

1절 | 양자역학의 발달

원자는 분해되어 원자핵과 소립자, 기본 입자로 되었다. 1911년 러더포드(Rutherford)가 원자의 99.9% 이상의 질량이 원자의 지름의 약 1/10,000의 미소체적(원자핵)에 집중하고 있다는 사실을 발견하였다. 원자핵 발견

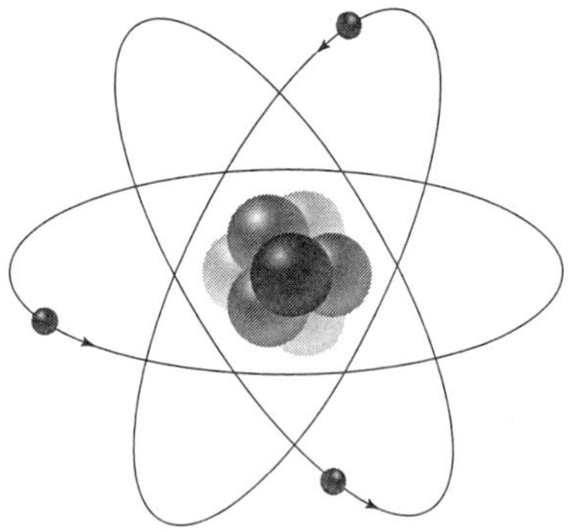

핵 주위를 따라 전자가 궤도를 선회하는 원자 구조 모형도

후, 관심사는 양하전의 원자핵 주변에 음하전을 갖는 전자가 어떻게 선회하고 있느냐는 것이었다. 1913년 보어(Bohr)는 전자가 특정한 에너지 준위에만 있을 수 있고 핵 주위의 특정한 궤도에 따라서만 운동한다고 하였다. 한 궤도에서 다른 궤도로 옮길 때 각 궤도상에서의 전자의 에너지 차이만큼 에너지를 방출 또는 흡수한다. 에너지 준위는 양자수라는 정수를 이용하여 나타낼 수 있다. 1926년 슈뢰딩거(Schrodinger)는 전자의 운동 방정식(파동 방정식)을 만들어 냈는데, 전자를 입자의 성질과 파동의 성질 두 가지로 인식하여 파동역학을 성립하였다. 그 결과 원자의 구조를 설명할 수 있게 되었다.

현대 물리학은 크게 양자역학과 뉴턴역학(고전역학)으로 구분되는데, 양자역학에는 파동역학과 매트릭스(Matrixs)역학 두 가지가 있으며, 미시세계를 설명하고 있다. 뉴턴역학(고전역학)은 거시세계를 설명한다.

1. 양자역학(Qantum Mechanics)

양자역학은 고전역학이 설명하지 못했던 원자 현상을 설명한다. 물질을 구성하는 궁극 요소에는 음전자, 광자, 양자, 중성자, 양전자, 중간자 등이 있는데 이들을 총칭하여 소립자라고 한다. 이들 소립자의 세계는 우리가 직접적으로 느낄 수도 없고 볼 수도 없는 미시적 세계이다.

1) 파동역학

뉴턴역학은 파동성을 전혀 고려하지 않은 입자의 역학이다. 슈뢰딩거는 이 뉴턴역학에 대응하는 파동역학을 창안하였다. 파동과 입자의 이중성을 가진 전자의 물리학적 상태를 기술하는데 있어서 추상적인 파동량 Ø를 가상한다. Ø는 실재하는 것이 아니고 전자의 물리학적 상태를 설명하기 위하여 방편적으로 가상한 양이며, Ø가 시간 공간의 극수로서 결정되면 수학적으로 위치, 운동량, 에너지 등과 같은 물리양의 기대치가 계산되는 것이다. 이리하여 슈뢰딩거가 만든 물질의 파동 방정식은 원자 현상을 설명할 수 있다.

2) 매트릭스(Matrix)역학

전자의 위치, 운동량, 에너지 같은 물리량은 Matrix로 표시되고, 물리학적 상태는 복소 공간 내의 Vector로 기술되는 이론이다. 수학적으로 Matrix A, B는 교환 불능이고 AB≠BA이다. 현재의 자연관은 모든 자연 현상을 에너지의 변천 과정으로 보며, 이 에너지 변천은 물질의 궁극 요소인 소립자들의 상호 작용에 의해, 혹은 그것들의 종합적 결과에 의해 일어나는 것으로 본다. 또 이 소립자들의 상호 작용은 양자역학에 의해 연역된다고 본다. 이와 같은 자연관을 '양자적 자연관' 이라 한다.

물질은 여러 가지 입자인 분자(molecule)로 되어 있고, 이 분자들은 몇 개의 서로 다른 원자(element)로 되어 있다. 이들 원자는 모두 동일한 입자(양자, 중성자, 전자 등)로 되어 있다. 이러한 물질을 구성하는 기본 입자를 소립자라 한다. 소립자에는 전자, 양자, 중성자, 중간자, 광자 등이 있다.

① 전자(electron) : 1897년 톰슨(Thomson)이 발견하였으며, 음전하를 가진 최소 입자를 말한다.

② 양자(proton) : 1920년 러더포드(Rutherford)가 발견하였으며, 수소 동위원소 H_2의 핵과 동일하다. 전자 질량의 1836.5배이며 중성자 질량보다 약간 적다.

③ 중성자(neutron) : 1932년 채드윅(Chadwick)이 발견하였으며 전기적으로 중성이다.

④ 중간자(meson) : 1934년 유카와(Yukawa)가 예언하였고 1936년 앤더슨(Anderson)이 발견, 전자 질량과 양자 질량의 중간 질량을 가진 불완전한 입자로 μ중간자, π중간자 등 여러 종류가 있다.

⑤ 광자(photon) : 빛을 이루고 있는 입자로 질량은 0이다.

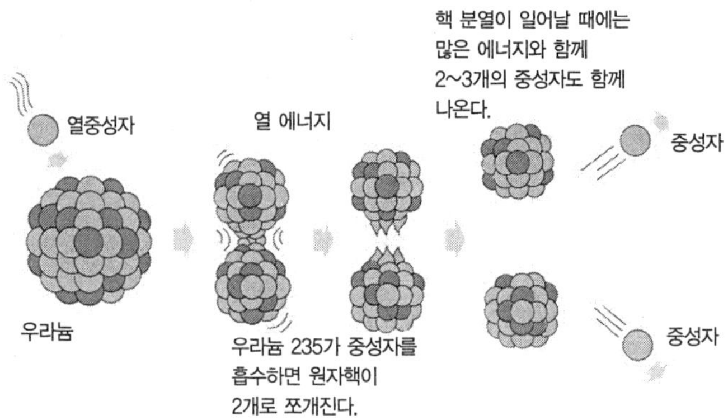

우라늄의 핵 분열 반응

이 밖에도 전자에 대한 양전자(positron), 양자에 대한 반양자, 중성자에 대한 반중성자들이 예언되고 있고 실제로 발견되고 있다. 양성자, 중성자, 전자 및 중간자들은 모두 소립자이며, 소립자는 파동과 입자의 이중 성격을 갖고 있다. 원자핵은 중성자와 양성자로서 형성되므로 소립자의 집합체인데, 이 분야를 연구하는 학문이 원자핵물리학이다. 원자핵의 연구는 원자핵을 파괴해 보는 원자핵 반응의 연구에서 시작되었다.

페르미(Fermi, 1901~1954)는 1935년 우라늄 핵에 중성자를 충돌시켜서 핵 분열과 연쇄 반응(원자력)을 발견하였다. 1939년 우라늄 핵 분열과 연쇄 반응이 상세히 연구되어 1942년 원자로가 제작되어 원자력을 이용하게 되었고 1945년 원자 폭탄이 개발되었다. 원자력은 원자핵 에너지이

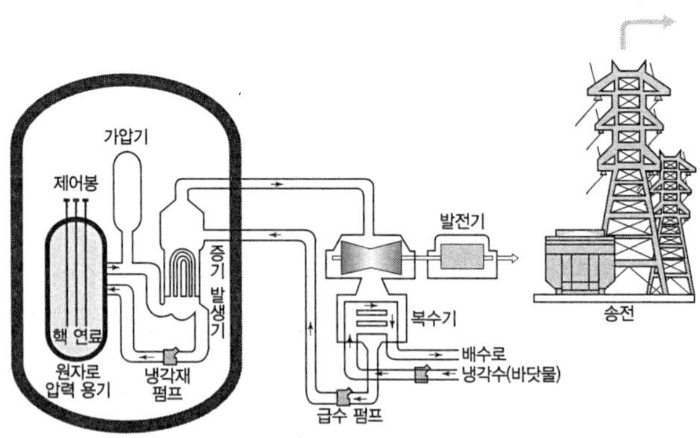

원자력 발전 모형도

다. 물질을 구성하는 원자의 중심에 있는 원자핵이 분열 또는 결합할 때에 방출하는 대량의 에너지인데, 현재 실용적으로 이용되는 원자력은 우라늄과 플루토늄의 원자핵이 중성자에 의하여 일어나는 핵분열의 연쇄 반응이다. 우라늄 원자핵 1g이 모두 핵 분열하면 20,000 kcal(석탄 3톤의 에너지)가 방출된다. 베테(H. Bethe, 1906~2005)는 1938년 핵 분열과 반대의 핵 융합 반응을 발견하였다. 4개의 핵자(중성자와 양성자)가 자유로운 상태로 있기보다도 결합해서 하나의 α입자(헬륨의 원자핵)를 형성하는데, 이때 질량이 줄어들고 대신 질량의 차가 다량의 에너지로 전환되는 것이다. 이러한 에너지를 이용한 것이 1952년 수소 폭탄의 개발이다.

2절 | 전자공학(컴퓨터)의 발달

전자공학의 진보는 진공관 → 트랜지스터 → IC → LSI → VLSI → 조셉슨 소자의 순서로 진보되어 왔다.

2극 진공관은 1904년 플레밍(Fleming, 1849~1945)에 의해 발명되었고, 3극 진공관은 1906년 포레스트(Forest, 1873~1961)에 의해 발명되었다. 1948년에는 쇼클리(Schockley, 1910~1989), 바딘(Bardeen, 1908~1991), 브래텐(Brattain, 1902~1987)이 공동으로 트랜지스터를 개발하였는데, 반도체 게르마늄이 3극 진공관과 같은 작용을 한다는 사실을 발견하였다. 3극 진공관의 내부에는 2개의 양극과 1개의 음극이 있어

2극 진공관

3극 진공관

서 전자가 진공 속을 통과하는데, 반도체 게르마늄에 극히 소량의 불순물을 섞으면(게르마늄을 99.9999%로 순수 정제한 것), 전자가 통과하는 방법이 양극이나 음극이 된다. 거기서 두 개의 양극 반도체와 1개의 음극 반도체를 결합해서 3극 진공관으로 바꿀 수 있으며, 바로 이것이 트랜지스터이다. 전자공학의 핵심인 트랜지스터는 고체물리학의 빛나는 성과로서 전자공학 역사상 획기적인 변혁을 몰고 왔다.

1. 컴퓨터의 실용화

세계 최초의 컴퓨터 에니악 1호

1946년 펜실바니아 대학 에커트(J. Eckert, 1919~1995)와 모클리(J. Mauchly, 1908~1980)가 세계 최초의 컴퓨터 '에니악(ENIAC) 1호'를 발명하였는데, 제1세대 컴퓨터이다. 이 컴퓨터는 3극 진공관을 사용하였는데, 진공관 수 18,800개, 중량 30톤, 소비 전력 100 kw로 고장이 잦아서 비실용적이었다. 그러나 계산 속도가 탁월하고 기억 용량이 크며, 자동 제어로 일을 진행할 수 있는 것이 이 컴퓨터의 장점이었다. 1950년대 후반 진공관 대신 트랜지스터가 채용되어 1959년 'IBM 1620'이라는 컴퓨터가 발명되었는데 이것이 제2세대 컴퓨터이다. 트랜지스터는 내구성이 있어서 고장이 감소되었고, 소형화가 가능하며, 또 배선도 단순화되어 계산 시간도 단축되었다. 1960년 IC(integrated circuit, 집적 회로)라고 불리는 초소형 전자 회로가 등장하였는데, 종래처럼 하나하나의 전자소자를 연결해서 회로를 만드는 것이 아니라, 많은 소자를 포함하는 회로를 단번에 완성하므로 적분된 회로라는 뜻으로 집적 회로라고 한다. 집적 회로는 한 면의 길이가 2~3 mm의 정사각형으로 그 두께는 0.1 mm정도의 얇은 조각이다. 그리고 이 판 위에 트랜지스터를 비롯한 갖가지 부품 50~70개 정도를 수용하는데, 이들 부품이 모두 배선되어 전자 회로를 이루고 있다. 이러한 IC를 이용하여 1964년 'IBM 360', RCA 회사가 '스펙트라 70'이라는 컴퓨터를 개발하였는데, 이것이 제3세대 컴퓨터로 컴퓨터는 작아지고, 연산 속도가 보다 빨라지고 값은 더욱 저렴해졌다.

'정보 혁명', '정보시대' 라는 용어도 1967년부터 사용되었다. 1960년대 말 LSI(large scale integrated circuit, 대용량 집적 회로)가 개발되었는데, 같은 크기의 실리콘 조각에 IC 수십 개 또는 수백 개 분량을 조립해 넣은 것이다. 이 반도체는 새끼 손톱만한 크기에 15만 개의 트랜지스터를 수용할 수 있다. LSI는 IC에 비해 2배의 기능을 가지고 있으면서도 가격이 저렴하며 대형 계산기의 두뇌인 중앙 제어 부분에 사용되고 있다. 컴퓨터는 LSI로 인해 마이컴, 미니컴 시대로 접어들었고, 이것이 제3.5세대 컴퓨터이며, 70년대 이후 LSI를 이용한 전자 제품이 등장하였다. LSI에 이어 최대 단위 집적 회로(VLSI 또는 SLSI)가 개발되었는데, 이 반도체는 새끼 손톱만한 크기에 60만 개의 트랜지스터를 수용할 수 있다. 이러한 VLSI 반도체를 사용하여 제작한 컴퓨터가 제4세대 컴퓨터이다. VLSI 반도체 이후 개발되고 있는 집적 회로로는 조셉슨 소자, 갈륨비소(GaAs) 등이 있는데, 이러한 반도체를 사용한 컴퓨터는 제5세대 컴퓨터가 될 것이다.

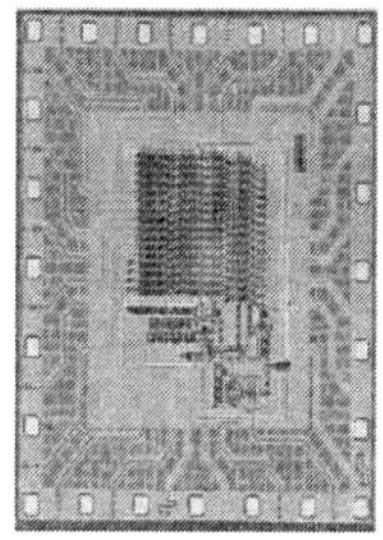
조셉슨 소자

조셉슨(Josephson) 컴퓨터 소자
- 스위칭 타임이 매우 빠르다.
- 반도체 소자를 대체할 것으로 예상된다.
- 컴퓨터 칩 등에 사용된다.

2. 오토메이션의 발달

컴퓨터는 계산 속도가 빠르다는 점 이외에도 기억 용량이 크다는 점, 자동으로 일을 진행시킬 수 있다는 특징이 있다. 이를 이용하여 러시아의 산업 분야에서는 자동화 공정을 꾸준히 연구하여 1950년에 모스크바에 자동화된 자동차 부품 공장을 건설하였다. 이것이 세계 최초의 완전한 오토메이션 공장이었다. 이후 선진 각국에서는 자동화된 공장을 건설하면서 오늘날에는 무인 자동화 공장이 건설되었다.

사무 기기 자동화(office automation, OA)도 진행되어 사무 분야에 일대 변혁을 몰고 왔다. 그 예로서 메모리 타자기가 있다. 이 기계는 타자 내용을 기억하고 그 내용을 1초당 30자의 빠르기로 찍어 낸다. 또 모사 전송기

(FAX)가 있는데, 이 기계는 복사 기술과 통신 기술이 결합된 것으로 정보 서류를 고속으로 전달해 준다. 그 외에 은행에서의 현금 자동 인출기, 문서 작성 편집기, 동시 통역 텔레비전, 노트북 컴퓨터 등이 개발되었다.

가정 자동화(home automation, HA)도 진행되고 있다. 부엌의 각종 주방 기구, 조명 시설, 도난 방지 시설, 온냉방 시설을 원격 조정할 수 있으므로 가정 주부도 집안일을 자동으로 처리할 수 있다. 가정에서의 데이터 통신 시스템도 개발되었고, 또 학교와 연결되어 각종 학습 정보를 얻을 수 있어 손쉽게 개인 학습을 할 수 있게 되었다. 이처럼 오토메이션은 육체 노동의 절약, 두뇌 노동의 보조, 그리고 능률의 향상이라는 점에서 매우 중요하다.

3. 로봇과 제3차 산업 혁명

로봇은 도대체 무엇인가? 해석에 따라 얼마간 다르겠지만, 로봇 연구의 선구 자격인 미국의 스탠포드 연구팀은 로봇에 대해 이렇게 말하고 있다. 로봇의 기본은 인공 두뇌이다. 즉, 대형의 고성능 컴퓨터가 주요 부분을 이루고 있다. 그 컴퓨터에 대한 입력을 사람의 손을 빌리지 않고 자동으로 수행하려면 시각, 촉각, 청각 등의 센서가 필요하다. 또 컴퓨터로 계산, 판단된 결과를 인간의 도움 없이 수행하려면 손과 발, 입 등 실행 수단이 필요하다. 이러한 출력과 입력의 단말기를 모두 갖추면 그것이 바로 로봇이 된다. 이러한 개념 하에서 만든 로봇은 지금 사회 각 분야에서 기대 이상으로 다양하게 실용화되고 있다. 최근 생산 공장에서 산업용 작업 로봇의 기능이 점차 안정됨으로써 생산 조직에 커다란 변화를 몰고 왔다. 이런 추세라면 멀지 않아 인간 수준의 로봇, 즉 제3세대 로봇이 제작될 것으로 전망된다.

제1세대 로봇은 정해진 대로 움직이며 인간이 입력한 내용의 작업과 기능만 수행하였고, 제2세대 로봇은 사전에 예상했던 범위 안에서만 동작의 수정이 가능하다. 이에 반하여 제3세대 로봇이란 지능 로봇으로 '알아서 판단하고 일하는 로봇' 이며 추리와 판단 능력을 겸비하고 있다. 1984년 도쿄에서의 5세대 컴퓨터 국제 회의는 이를 잘 뒷받침해주고 있다. 왜냐하면 5세대 컴퓨터는 인간의 언어를 알아듣고, 사람의 두뇌처럼 추리도 할 수 있기 때문이다.

미래 학자들의 예측에 의하면 로봇을 위시하여 미세 전자공학의 기술 보급으로 곧 제3차 산업 혁명이 일어날 것이라 한다. 제3차 산업 혁명의 커다란 특징은 기계가 인간의 육체적 노동뿐만 아니라 생각하는 일의 분야까지 개입된 점이다. 장차 컴퓨터나 지능 로봇은 인간의 사고까지 대행하여 줄 것이다.

로봇의 종류에는 산업용 로봇, 서비스 로봇, 가정용 로봇, 의료용 로봇 등이 있다.

① **산업용 로봇** : 공장에서 사람이 하기 힘든 일이나 어려운 일을 한다(로봇은 힘이 떨어지지 않아서 좋다.).

② **서비스 로봇** : 공항, 공공 기관 등에서 안내를 해주는 일을 맡은 로봇들을 말한다.

③ **가정용 로봇** : 직장인이나 바쁜 사람들 대신 집안 청소를 한다. 집안 청소뿐만 아니라, 집안에서의 어려운 일도 도와준다(로봇 청소기 등).

④ **의료용 로봇** : 사람이 다치거나 아픈 경우, 의료용 로봇이 사람 대신 수술하고 치료한다(로봇은 세밀하게 수술하고 실수를 하지 않는다.).

3절 | 고분자화학의 발달

독일의 유기화학자 슈타우딩거(Staudinger, 1881~1965)는 거대 분자 '폴리머' 라는 개념을 확장하여 고분자화학이라는 새로운 영역을 개척하였는데, 고분자란 분자량이 크다는 의미로 분자량이 대개 10,000 이상이다. 달걀 흰자질은 분자량이 35,000이고 혈액 성분인 헤모글로빈은 분자량이 67,000으로 이들은 천연 고분자 화합물이다. 인공 고분자 화합물에는 합성 섬유, 합성 수지, 합성 고무 등이 있다.

섬유는 왜 강한가? 그것은 다수의 길고 가느다란 고분자가 평행으로 늘어섰기 때문인데, 1930년대 섬유의 구조가 판명되었다. 1935년 케로더즈(Carothers, 1896~1937)가 합성 섬유를 최초로 발명하여 1938년 공업화에 성공하여 나일론을 생산하였다. 나일론은 '석탄과 공기와 물로 만들어졌지만 거미줄보다 가늘며 강철보다도 강한 섬유'로 알려졌다.

플라스틱은 가소성을 가지며 적당한 강도를 갖는 고분자 물질인데, 최초의 플라스틱은 송진과 비슷한 베이클라이트였다. 베이클라이트는 베이클랜드(Baekeland, 1863~1944)가 페놀(석탄산)과 포르말린을 합성하여 송진 같은 물질이 나오는 것을 발견하고 실용적인 물질로 개발하여 발명하였는데, 이것이 바로 합성 수지이다. 그러나 본격적인 플라스틱은 염화비닐부터 시작되었으며 현재는 폴리에틸렌이 주로 사용되고 있다. 염화비닐은 1928년 미국에서 석탄과 석회석, 식염을 합성하여 발명하였다.

폴리에틸렌은 1933년 석유에서 에틸렌과 폴리에틸렌을 추출해내는 과정에서 플라스틱인 폴리에틸렌이 발명되었다. 1938년 폴리에틸렌 제품이 공업화되면서 석유 화학 공업이 발달하였고, 나일론과 폴리에틸렌이 동시에 실용화되면서 고분자 시대가 활짝 열리게 되었다.

오늘날에는 철기 문명 다음은 고분자 문명이라고 말하는 사람이 있다. 그러나 대량의 플라스틱 사용은 특수 공해를 일으키고 있다.

4절 | 생명공학의 발달

소화 등 여러 가지 생리 작용에는 항상 여러 가지 효소가 작용하고 있다. 지극히 묘한 작용을 하는 효소는 오랫동안 이해할 수 없었으나 1926년 효소의 정체가 판명되었다. 1926년 섬너(Sumner, 1887~1951)가 유레아제(urease)라는 요소 분해 효소를 결정(結晶)하여 분리해 내는 데 성공하고 이것이 단백질임을 증명하였다. 또 1926년 스베드베리(Svedberg, 1884~1971)는 초원심분리기를 사용하여 단백질의 분자량을 측정하는데 성공했다.

1929년 X선 회절에 의한 고분자의 분석이 성공되어 단백질의 구조도 조금씩 규명되기 시작하면서 단백질의 연구가 획기적으로 진전되었다. 단백질이 생명의 기본 물질이라는 것은 1838년에 밝혀졌고, 1877년 엥겔스(F. Engels, 1820~1895)는 생명이란 "단백질의 존재 양식이다."라고 말하였다. 이 무렵 단백질이 아미노산으로부터 형성된다는 것이 판명되었고, 20세기 초 아미노산이 결합하여 단백질 분자를 형성한다는 펩티드(peptide)이론이 발표되었다. 펩티드이론이란 한 아미노산의 아미노기(amino group, $-NH_2$)와 다른 아미노산의 카르복실기(carboxyl group, $-COOH$)가 결합하여 펩티드 결합(peptide bond)을 하여 단백질이 만들어진다는 것이다. 단백질 분자는 수십 개 이상의 아미노산이 폴리펩티드(polypeptide) 결합을 해서 된 것인데, 아미노산이 어떤 순서로 결합되어 있느냐 하는 문제(즉 단백질 분자의 구조 문제)는 1950년대부터 밝혀지기 시작하였다. 1954년 단순한 단백질인 인슐린(insulin, 아미노산 51개

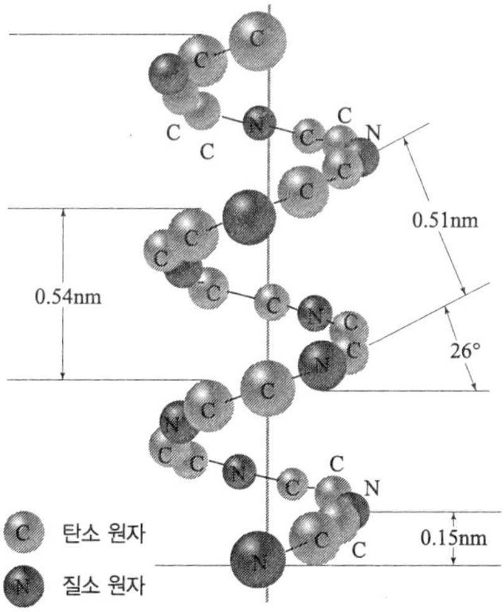

단백질 구조 모형도

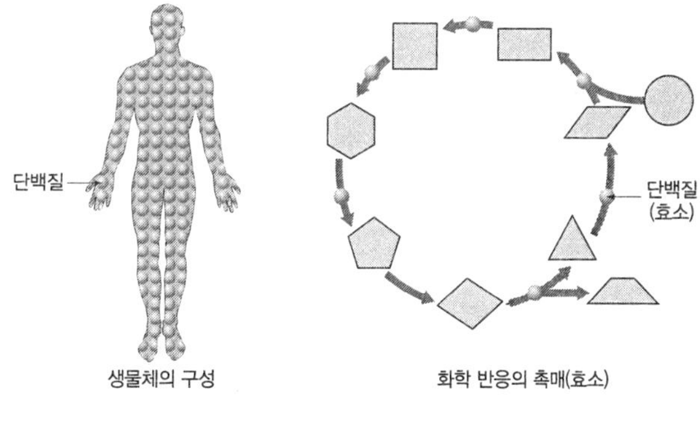

단백질의 역할

로 구성)의 구조가 판명되었고 같은 무렵에 생명의 근원인 핵산(DNA)의 구조가 판명되었다.

1. 분자생물학 출현

분자생물학이란 용어를 처음 사용한 사람은 워런 위버(Warren Weaver, 1847~1978)였다. 1938년 그는 록펠러 재단이 중점 지원할 새로운 과학 분야로서 분자생물학을 지칭하였다. 그러나 그 당시에는 아직 분명한 형태의 분자생물학 분야가 있었던 것은 아니다. 1953년 왓슨(Watson, 1928~)과 크릭(Crick, 1916~2004)이 유전 현상의 메커니즘을 분자적 수준에서 밝혀냄으로써 분자 생물학을 구성하는 중심 개념이 확립되었고, 이에 따라 전문 분야의 성립에 중요한 요소인 체계화된 지식이 갖추어지기 시작하였다.

1953년 왓슨(Watson)과 크릭(Crick)은 DNA의 이중나선구조를 밝혔는데, 한 줄의 실은 당(5탄당)-인산-당-인산이 사슬로 되어 있고 이 사슬은 두 실로서 두 실 사이에 무수한 사다리가 붙어 있다. 사다리를 구성하는 것은 4종류의 염기(A-T, G-C)이다. 즉 한 줄의 실의 당으로부터 나온

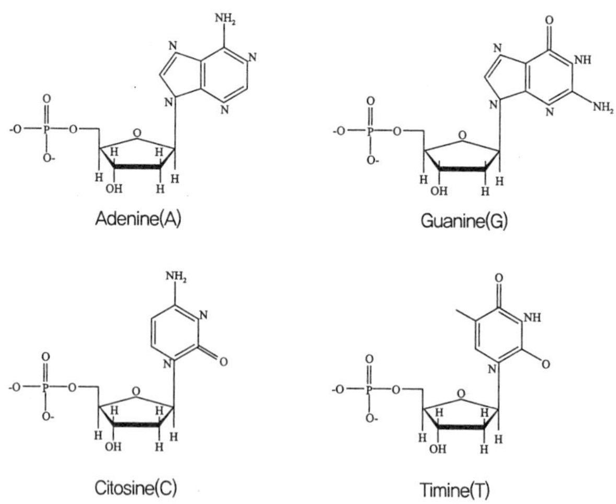

뉴클레오티드

염기와 다른 쪽 실의 당에서 나온 염기가 결합하는 것이다. 이와 같이 '염기-당-인산' 의 결합을 뉴클레오티드(nucleotide)라고 하고, 이것이 DNA의 구성 단위이다.

인간이나 고등 동물의 한 세포 내의 정보량은 책으로 50만 페이지, 대백과사전의 약 10권 분에 해당된다. 세포의 크기는 3~10 cm이고 세포의 중심에 있는 세포핵의 크기는 10^{-4}cm에 지나지 않는다. 이와 같은 방대한 정보가 어떤 구조로 작은 세포핵 내의 DNA에 저장되어 있을까? DNA의 구조를 알 필요가 있다.

생명의 합성 또는 생명의 개조의 근본 문제는 핵산(DNA)을 자유로이 다루는 일이다. 즉 핵산을 인공적으로 합성하거나 변화시키는 일인데, 핵산 중에서도 가장 단순한 t-RNA의 인공 합성이 70년대 중엽에 가능해졌다. 핵산은 크게 나누어 DNA와 RNA로 구분된다. DNA(deoxyribo nucleic acid)는 방대한 유전 정보를 갖고 핵 내에 존재하고 있다. RNA(ribo nucleic acid)는 DNA 내의 유전 정보의 일부에 바탕을 두고 단백질을 만들 때 활약하는 것으로 대부분이 세포질에 존재하고 있다. RNA에는 3가지 종류가 있다.

① 메신저 RNA(messenger RNA) : 핵 내의 DNA로부터 유전 암호

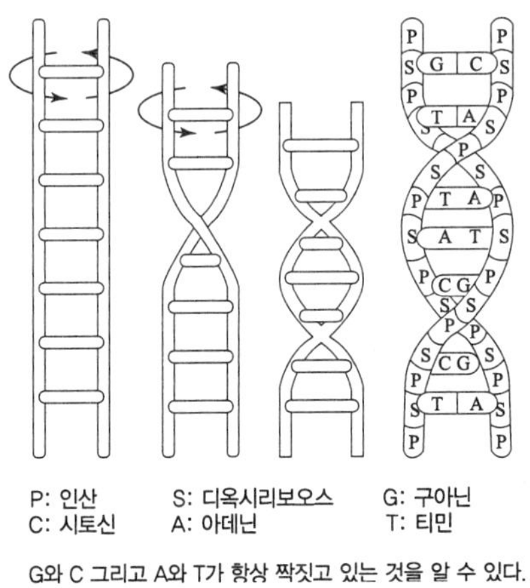

DNA의 구조

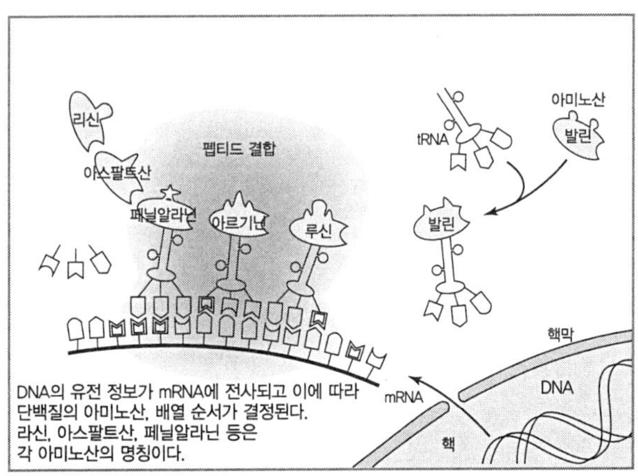

DNA의 단백질 합성 과정

(genetic code)를 복제하여 리보솜(ribosome)에 전달시켜 단백질 합성이 일어나도록 한다.

② 전달 RNA(transfer RNA) : 약 70개의 뉴클레오티드로 구성되어 있는데, 아미노산을 리보솜(ribosome)까지 운반해 주는 역할을 한다. 한 종류의 t−RNA가 한 종류의 아미노산을 운반해서 리보솜에서 합성하려 하는 단백질에 부착한다.

③ 리보솜 RNA(ribosomal RNA) : 리보솜(ribosome)을 만드는 RNA이다.

2. 유전공학의 시대

1960년에 들어와 DNA의 분자 구조와 유전자에 관한 연구가 집중되었고, 그 연장으로 DNA 분자를 절단하거나 붙이는 기술이 개발되었다. 처음에는 바이러스를 이용하였으나 후에 대장균 등의 박테리아가 사용되었다. 대장균에는 플라스미드(plasmid)라 부르는 고리 모양의 DNA가 있고, 그의 일부를 떼어내어 거기에 다른 DNA를 삽입하는 방법이 개발되

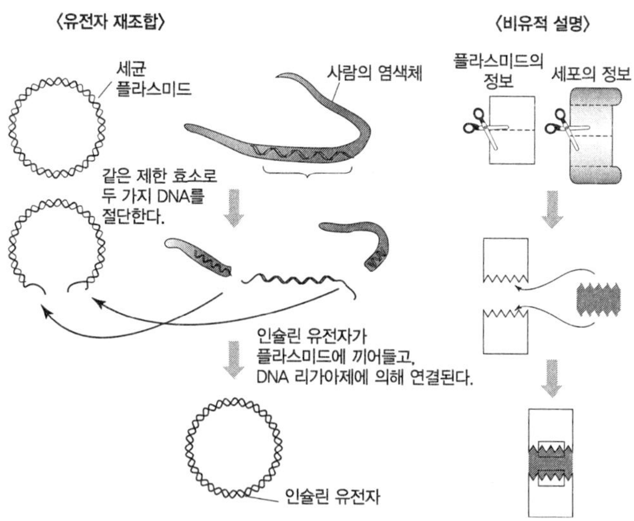

인슐린 유전자의 재조합 과정

었다. 구체적인 예로서 인슐린(insulin)을 만들어 내는 사람의 DNA를 대장균에 삽입하여 인슐린을 만든다.

이러한 유전자 조작 기술의 출현에 대하여 일부 연구자들로부터 위험을 경고하는 목소리가 커지고 있다. 만약 이러한 기술을 무제한으로 진전시킬 때, 예기치 않은 위험한 생물이 나올 가능성이 있다는 주장으로, 연구의 일시 중지를 호소하였다. 1975년 캘리포니아에서 국제 회의가 열리면서, 연구에 일정한 제한이 가해졌다.

그러나 그 후 각국에서 모두 제한이 완화되고, 단순한 연구뿐만 아니라 기업화까지 진전되었다.

세포 융합에 관한 연구도 1960년에 시작되었다. 두 종류의 쥐의 세포를 혼합 배양하여 그것들을 융합하여 잡종 세포를 만드는 방법을 개발하였다. 이처럼 다른 종 사이의 잡종화는 종래의 기술로는 매우 어려웠다.

그러나 만들어진 세포는 배양이 계속되는 동안 그 중에 포함되어 있는 염색체가 서서히 한 종류의 쥐로 되어 버린다는 것을 발견하였다.

식물에서는 단백질 등을 이용하여 배양 세포를 분화시키고, 거기로부터 한 개체의 식물을 만들어 내는데 성공하였다. 이 기술이 유전자 교환이나 세포 융합의 기술과 결합되어 최근에는 감자와 토마토의 잡종이 만들어졌다. 식물의 경우에는 세포의 주위에 세포벽이 있어 쉽게 융합되지 않으므로 효소로 그 세포벽을 녹여버린다.

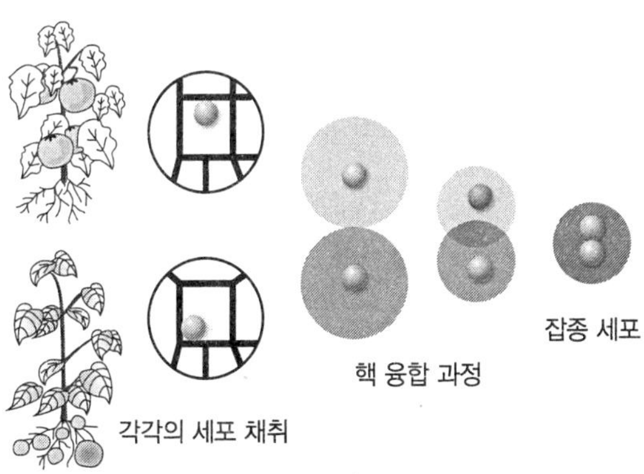

세포 융합에 의한 감자와 토마토 잡종 형성 과정

3. 출산 기술의 혁명(birth technology)

세계 최초의 시험관 아기는 루이스 브라운(Louis Brown)으로 1978년 탄생하였다.

로버트 에드워즈(Robert G. Edwards, 1925~2013)는 최초의 시험관 아기 탄생에 기여한 공로를 인정받아 2010년 노벨 생리의학상을 수상했다. 그는 체외 수정을 성공하게 하기 위해 수많은 시행착오를 거듭한 끝에 1977년 양측 난관이 없는 레슬리 브라운(Lesley Brown) 부인이 자연 주기에서 채취한 난자의 체외 수정 시술로 임신에 성공했다. 그리고 1978년 7월 25일 인간 최초의 시험관 아기인 루이스 브라운(Louis Brown)이 탄생하였다. 에드워드 박사는 시험관 아기 시술 성공 이후 캠브리지 근교에 체외 수정 전문 병원인 번홀 크리닉(Bourn Hall Clinic)을 개설해 많은 불임 환자에게 임신의 기쁨을 제공했다.

에드워즈 박사팀의 첫 시험관 아기 출산 성공 이후 호주, 미국 그리고 프랑스 등 여러 나라에서 시험관 아기 출산이 이어졌다. 우리나라에서는 서울대 병원의 장윤석 박사팀에 의해 1985년 첫 시험관 아기가 탄생했다.

그 이후에 이루어진 체외 수정 시술 분야의 기술적 진보에는 배아 동결법, 착상전 유전자 진단, 미성숙 난자의 체외 배양에 의한 체외 수정, 정자 직접 주입술 등이 있다. 최근 체외 수정 임신율은 30~45%로 향상됐

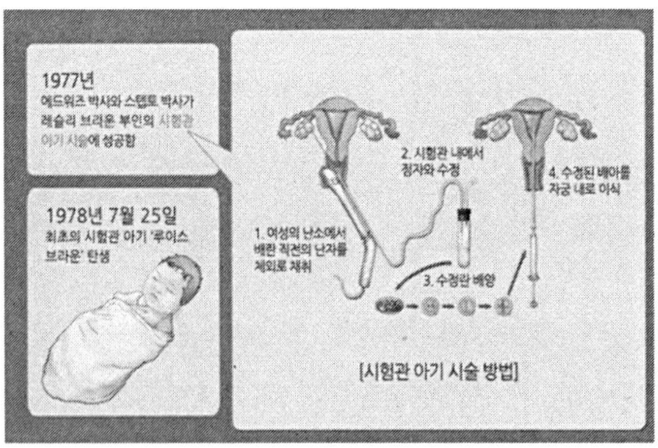

시험관 아기 시술 방법

다. 따라서 체외 수정 시술의 부작용으로 쌍생아 혹은 다생아 출산, 조산 가능성의 증가 등이 있으나 기술의 발달로 그 부작용 발생 가능성도 많이 낮아지고 있다.

시험관 아기 루이스 브라운

최초의 시험관 아기인 루이스 브라운은 결혼 후 자연 임신을 해 2006년 건강한 남자 아기를 출산하였다. 이로써 많은 사람이 '과연 인공 수정으로 태어난 그녀가 자연 임신을 할 수 있을까?' 하는 우려를 잠재웠다.

1978년 루이스 브라운이 탄생한 지 33년이 지난 지금, 에드워즈 박사가 체외 수정을 연구하던 초기부터 제기됐던 윤리적 문제들(난자 공여와 매매, 대리모, 착상 전 유전 진단을 통한 맞춤형 아기, 배아의 성 감별, 배아줄기세포, 배아의 권리 등)이 아직도 논란의 대상이 되고 있다. 하지만 체외 수정 시술이 절망에 빠졌던 수많은 불임 부부에게 부모가 되는 기쁨을 제공하고 있는 것은 틀림없는 사실이다. 이미 전 세계적으로 시험관 아기 시술로 태어난 아기의 수는 약 400만 명으로 추정된다. 시험관 아기 시술을 한다고 해서 시험관에서 체중 3 kg 정도의 아기가 태어나는 것이 아니다. 시험관 아기 시술은 체외 수정 시술이라고도 한다. 이 시술은 여성의 난소에서 채취한 배란 직전의 난자를 시험관에서 정자와 수정시킨 다음, 수정된 배아를 자궁에 이식해 착상을 유도함으로써 임신이 되도록 하는 치료 방법이다. 즉, 몸 안에서 정자와 난자가 만나 수정이 이루어지는 장소인 난관의 역할을 시험관이 대신한다고 생각하면 이해하기 쉽다. 따라서 체외 수정 시술이 성공한 이후 난관이 없거나 양쪽 난관이 모두 막힌 여성도 임신할 수 있게 됐다.

아기를 갖는 전통적인 방법은 정자와 난자가 수정한 수정란이 여성의 자궁 안에 착상하여 자라서 태아가 출산하는 것이다. 최근 불임 부부를 위하여 아기를 갖는 새로운 방법이 개발되었다.

① 남편 또는 익명의 정자 제공자의 정자를 사용하여 인공 수정하는 방법이다.

② 대리모를 쓰는 방법으로, 다른 여성의 자궁을 빌려 인공 수정이나 수정란 이식을 해 아기를 낳는 방법이다.

③ 체외 수정(IVF) 방법으로 불임 부부가 가장 많이 이용하는 방법이며 부부의 난자와 정자, 또는 다른 사람이 제공한 난자와 정자를 시계 접시(petri dish)에서 수정시킨 다음 여성의 자궁으로 이식하는 방법으로 이렇게 태어난 아기를 시험관 아기라고 한다.

④ 수정란 이식 방법으로 대리인의 태속의 수정란을 자궁에서 적출해 다른 여성의 자궁으로 이식하는 방법이다.

체외 수정 방법을 자세히 살펴보면 다음과 같다.

① 여성에게 배란 유발제(크로미드) 또는 호르몬제(파고날)을 투여하여 보통은 한 번에 1개 밖에 나오지 않는 난자를 복수로 늘린다.

② 난자가 극상으로 성숙된 시기에 복부에 작은 구멍을 뚫고 연필 굵기의 복강경을 삽입하여 난자를 적출해 낸다.

③ 채취된 난자를 배양액을 담은 시계 접시에 옮겨서 여기에 채취되어 있는 정액을 떨어뜨려 체온과 같은 온도로 유지된 배양기에 넣는다.

④ 난자와 정자가 수정하고 1일 후면 8세포로 분할된다.

⑤ 이 수정란을 플라스틱 도관으로 뽑아내 자궁에 이식한다.

⑥ 2주일 후 착상 검사하여 임신 여부를 결정한다.

1개 수정란이 임신(착상)될 확률은 1/5이고, 3개 수정란이 임신(착상)될 확률은 1/2이다. 그리고 임신에 성공하더라도 약 1/3이 3개월 이내에 유산된다.

제14장 21세기의 과학과 현대 과학의 문제점

21세기에는 과학과 산업의 비약적인 발달로 인간의 생활은 더욱 풍족해지고 편리해질 것으로 예상된다. 그러나 풍족하고 편리한 생활을 가져온 과학 산업의 발달은 여러 가지 문제를 만들어 내기도 한다.

1절 | 대체 에너지 개발

인류 문명에 사용되는 에너지는 기본적으로 태양에 의해서 제공된다. 우리가 항상 섭취하고 있는 음식물을 만드는 에너지도 태양 에너지이고, 바람이나 파도를 일으키는 에너지도 태양에서 온 에너지이다. 석유, 석탄과 같은 화석 에너지도 과거에 태양에 의해서 지구에 공급된 에너지가 석유와 석탄의 형태로 저장되었던 것이다. 그래서 인류는 오래 전부터 지하에 묻혀있던 화석 에너지를 꺼내 쓰고 있다. 화석 에너지의 가장 대표적인 것이 석탄과 석유, 천연가스 같은 것이다. 석탄과 석유 에너지는 현재의 산업 발달을 가능하게 했고 오늘날 고도의 산업사회를 이룩하는 데 중요한 역할을 했다. 그러나 화석 에너지의 사용은 중요한 두 가지 문제를 내포하고 있다. 하나는 화석 에너지의 양이 한정되어 있다는 것이다. 에너지를 대량으로 소비하는 고도 산업사회의 구조 하에서는 불과 수십 년 안에 지구가 보유하고 있는 화석 에너지가 바닥나고 말 것이라는 사실이다. 화석 연료의 사용에 따른 또 다른 문제는 화석 에너지가 연소하는 동안에 공해 물질을 내놓는다는 사실이다. 화석 연료는 주로 탄소 화합물이므로 완전 연소될 경우 이산화탄소와 물이 되지만, 화석 연료에 포함되어 있는 불순물은 여러 가지 공해 물질로 배출하게 된다. 화석 연료가 갖고 있는 이러한 문제를 해결하기 위해서는 화석 연료를 대체할 대체 에너지를 개발해야 한다.

1. 핵 분열 에너지

현재 대체 에너지원 중 가장 현실성이 있는 것은 제2차 세계대전 후부터 새로운 에너지원으로 각광받기 시작한 원자력이다. 원자력은 크게 두 가지로 나눌 수 있다. 하나는 원자핵이 분열할 때 나오는 원자력이고, 다른 하나는 작은 원자핵이 융합하여 더 안정된 큰 원자핵을 이룰 때 나오는 원자력이다. 핵 분열 시에 나오는 에너지를 사용하는 방법은 이미 전 세계적으로 실용화되어 많은 나라에서 원자력 발전에 사용하고 있다. 그러나 핵 분열 에너지를 사용하는 방법에는 많은 문제가 따르고 있다. 첫째, 핵 발전을 위한 핵 분열 시에는 우리가 필요로 하는 에너지뿐만 아니

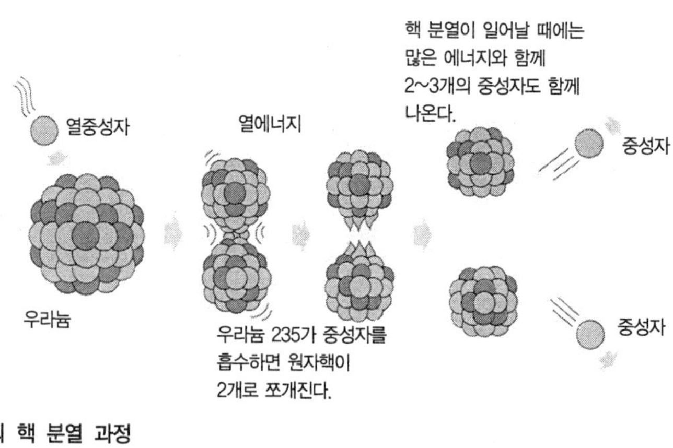

우라늄의 핵 분열 과정

라 강한 방사능을 가진 방사성 물질도 나온다. 이러한 방사성 물질이 자연에 누출되면 여러 가지 치명적인 환경 오염의 문제를 야기한다. 2011년 3월 일본 후쿠시마의 원자력 핵 발전소 사고나 1986년 4월 소련 체르노빌 핵 발전소의 사고에서 보듯이 안전 시설만 가지고는 안심할 수가 없는 것이다. 둘째, 우라늄의 핵 분열 에너지를 이용한 현재의 핵 발전이 갖고 있는 또 다른 문제는 핵 발전 시에 부산물로 얻어지는 플루토늄의 위험성이다. 플루토늄은 우라늄 235와 마찬가지로 핵 연료로는 물론 핵 폭탄의 원료로도 사용될 수 있다. 더구나 플루토늄은 우라늄 235보다 더 쉽게 농축시킬 수 있으므로 핵 확산의 위험이 더욱 큰 물질이다. 핵 물질의 확산은 인류 평화를 심각하게 위협할 가능성이 있다. 셋째, 핵 분열 에너지를 이용하는 데 따르는 또 다른 문제점은 핵 분열 에너지로 사용되고 있는 연료인 우라늄 235가 지구에 풍부하게 매장되어 있지 않을 뿐 아니라 매장 지역도 특수 지역에 한정되어 있어, 우리나라와 같은 경우에는 연료를 전량 수입해야 한다는 것이다. 따라서 우리나라로서는 안정된 에너지원이라고 할 수 없는 형편이다. 그러나 이러한 문제점에도 불구하고 현재로서는 다른 대안이 없기 때문에 핵 분열 에너지를 이용하는 핵 발전소가 전 세계적으로 건설되어 가동 중에 있다. 그러나 에너지 문제의 근본적으로 해결을 위해 핵 분열 에너지가 아닌 다른 곳에서 에너지를 얻을 수 있어야 할 것이다.

2. 핵 융합 에너지

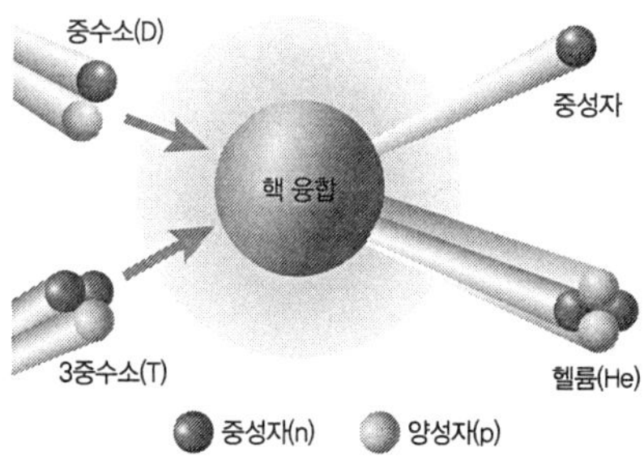

핵 융합 반응

핵 분열 에너지 다음으로 현실성이 있는 대체 에너지는 핵 융합 에너지이다. 핵 융합 에너지는 태양과 같은 별들의 에너지원이다. 태양이 이미 45억 년이나 막대한 에너지를 발산해 왔고 앞으로 적어도 50억 년은 더 이만큼의 에너지를 공중으로 발산할 것이라는 것이 과학자들의 계산이다. 이것은 핵 융합에 의해 에너지가 그만큼 크다는 것을 나타낸다. 더구나 핵 융합에 의한 에너지를 손쉽게 이용할 수만 있다면 에너지 문제와 함께 에너지 소비에 따르는 공해 문제도 해결할 수 있을 것이다. 핵 융합에서는 원료로 어디에나 있는 수소를 사용할 뿐만 아니라 방사성 물질도 방출하지 않으므로 완벽한 에너지원일 것으로 생각되고 있다. 그러나 아직도 인간의 기술은 조절된 상태에서 핵 융합 반응을 일으키지 못하고 있다. 수소의 핵 융합이 일어나기 위해서는 약 1억 도의 높은 온도와 이 온도에서의 높은 밀도와 필요한 반응 시간이 필요한데, 여러 나라에서의 수십 년에 걸친 막대한 투자와 노력에도 불구하고 아직 이런 상태를 만들어 내지 못하고 있다. 최근에 플라즈마와 레이저를 이용해서 핵 융합을 이를 수 있는 조건에 가까운 상태를 만들어 내긴 했지만, 이 문제는 21세기에 해결해야 할 숙제로 남아있다.

3. 지구 에너지

핵 에너지 외에 대체 에너지원으로 생각해 볼 수 있는 것이 지구 내부에 있는 무한한 에너지일 것이다. 아직은 온천수를 이용하고 화산 지역에서 분출하는 수증기를 이용하는 것이 고작인 단계이지만, 앞으로 기술 개발에 따라서는 인류에게 공해 없는 에너지를 제공해 줄 수도 있을 것이다.

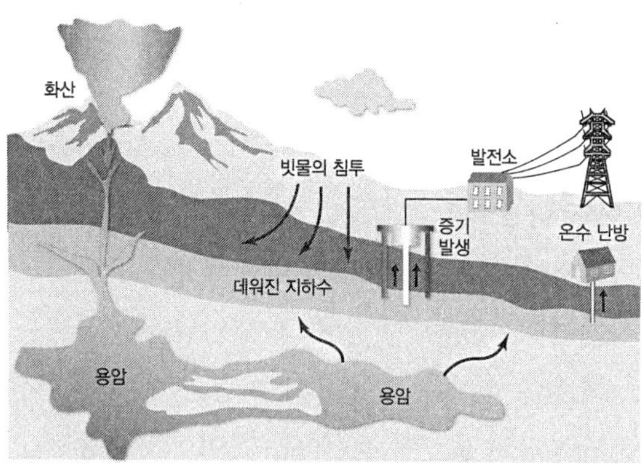

지구 에너지

4. 태양 에너지

또 다른 대체 에너지원으로 생각해 볼 수 있는 것이 태양 에너지이다. 사실 태양 에너지를 이용하는 것은 이미 오래전부터 실용화되어 있다. 태양열 발전소도 많이 세워져 있고 태양열을 이용한 난방도 널리 이용되어 있다. 유럽에서 널리 사용되고 있는 풍력이나 조력을 이용한 발전도 따지고 보면 태양 에너지를 이용하는 방법이다. 태양 에너지를 주 에너지로 사용하려면 우주 공간으로 흩어져 가는 태양 에너지를 모아서 지구로 보내는 방법을 사용해야 할 것이다. 물론 이런 방법이 현재의 기술로는 불가능하지만 21세기에는 실용화될 가능성을 배제할 수 없다. 그러나 이러한 새로운 에너지원의 개발이나 에너지의 과도한 사용이 지구 환경에 어떤 영향을 미치게 될지에 대해서 많은 연구를 해야 한다. 편리한 생활을 위해 에너지를 과다하게 사용하는 것이 오히려 지구 환경을 급격히 변화시켜 인간의 생존을 위협한다면 그것은 인류를 위해서 큰 불행일 것이다.

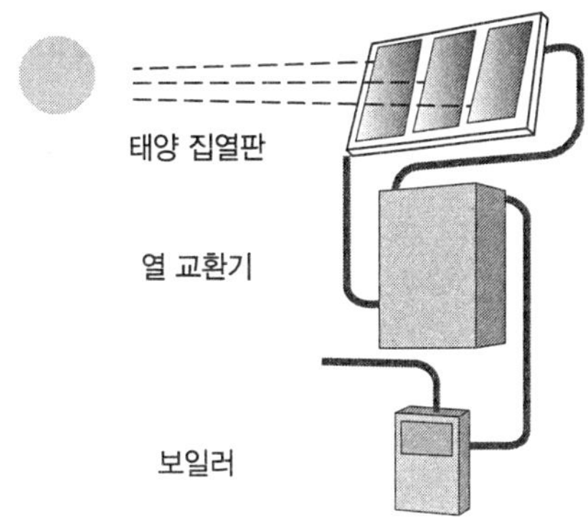

태양 에너지

2절 | 환경 파괴의 문제와 대책

근대 과학이 시작된 이후 전 세계적으로 산업화와 공업화가 진행된 결과 자연적 환경 변화보다 인간에 의한 환경 변화가 훨씬 더 심각한 문제로 대두되었다. 이제 인간에 의한 환경 변화 때문에 초래된 각종 폐해가 도처에서 나타나고 있다. 따라서 자연적인 원인에 의한 환경 변화보다는 인간에 의한 환경 파괴에 더 많은 관심을 기울이지 않을 수 없는 실정이다.

환경은 생태계의 중요한 요소를 이루고 있다. 생태계는 평형에 달한 생물 군집과 이들의 생활에 영향을 주는 환경 요소로 나누어 볼 수 있다. 생태계를 구성하고 있는 환경 요소에는 무생물적 요소와 생물적 요소가 있다. 무생물적 요소는 공기, 온도, 수분, 토양, 햇빛 등으로 생물의 성장에 필수적인 환경 요소이다. 생물적 요소에는 태양 에너지를 기본으로 하여 독립된 영향 생활을 하는 녹색 식물과 같은 생산자, 이 생산자를 먹이로 하여 생활하는 소비자, 그리고 생산자나 소비자를 원래의 물질로 환원시키는 세균과 같은 분해자가 있다. 인간에 의한 환경 변화는 때로는 생태계의 조절 작용과 물질의 순환 기능을 심각하게 파괴하여 급격한 생태계의 변화를 가져온다. 인간이 생태계의 조절 작용이나 물질 순화를 파괴한 예는 우리 주위에서 쉽게 찾아 볼 수 있다. 농산물의 증산을 위해 과도한 농약을 사용한 것은 인간이 조절 작용을 파괴한 대표적인 예이다. 벌레들은 농작물과 같은 식물을 먹고 사는 1차 소비자이며, 이 벌레들을 먹이로 하는 더 큰 생물은 2차 소비자이다. 그런데 1차 소비자인 벌레들은 농작물에게는 해가 되므로 더 많은 농산물을 생산하기 위해서 각종 농약을 이용하여 해충을 구제한다. 그러나 농약은 해충뿐만 아니라 해충의 천적마저도 없애 버려 먹이의 사슬을 끊어 놓았다. 그 결과 농약에 내성이 길러진 해충은 이제 자연의 적이 사라진 상태에서 더 많이 번식하게 되었다. 이처럼 과도한 농약 사용이 생태계에 미치는 부작용이 지구상 곳곳에서 나타나고 있다.

1. 공기의 오염

이러한 환경 오염 중에서 가장 심각한 것이 공기의 오염일 것이다. 인간을 비롯한 모든 생명체는 항상 공기 속에서 공기를 마시면서 살아가고 있으므로 어떤 생물도 대기 오염에서 벗어날 수 없기 때문이다. 공기는 주로 화석 연료인 석탄이나 석유가 연소될 때 방출되는 아황산가스나 이산화탄소에 의해 오염되고 있다. 특히 아황산가스는 산성비의 원인이 되며 토양을 산성화시킨다. 산성비는 유럽에서부터 문제가 되어 지금은 전 세계적으로 그 피해가 막대한 실정이며 우리나라도 예외는 아니다. 대기 오염의 하나로 사람들의 관심을 끌기 시작한 것이 냉장고나 에어컨디션의 냉매, 발포제 등으로 널리 쓰이는 프레온가스에 의한 오염이다. 대기의 상층부에는 오존층이 있어 우주로부터 오는 각종 방사선을 차단해 주기 때문에 지구 위의 생물이 안전하게 생활할 수가 있다. 그런데 가장 안전한 기체라고 생각해 온 프레온가스가 지구의 보호막 역할을 하는 오존층을 파괴한다는 것이 밝혀졌다. 따라서 전 세계적으로 프레온가스의 사용을 억제하고 있다.

2. 물의 오염

물의 오염은 공기의 오염 못지않게 심각한 문제이다. 농약 사용의 증가, 합성 세제의 과다한 사용, 무분별한 산업 폐수의 방출 등으로 인해 물의 생태계는 심하게 위협받고 있다. 하천도 하나의 생태계로서 조절 작용과 물질 순환에 의해 자정 작용을 한다. 그러나 각종 오염 물질로 심각하게 오염된 하천은 그런 기능을 더 이상 가지고 있지 않다. 특히 공업용으로 사용된 폐수 속에는 각종 중금속과 화학 물질이 다량으로 함유되어 물속 생태계의 존속마저 위협하고 있는 실정이다. 그런가 하면 생활 하수에 포함된 다량의 영양 물질은 미생물을 대량으로 번식시켜 물속에 함유되어 있던 용존 산소를 과다하게 소비하여 미생물은 물론 다른 생물마저 산소 결핍 때문에 모두 죽어 버리는 부영양화 현상을 발생시키기도 한다. 이것은 인간에 의해 생태계의 균형이 파괴되는 또 하나의 예이다.

3. 토양의 오염

토양의 오염도 공기나 대기의 오염에 못지않게 심각하다. 생태계의 1차 생산자인 식물은 대부분 토양에서 성장한다. 그러므로 토양을 오염시키는 물질은 자연히 식물에 흡수되어 남아 있게 되고, 다시 소비자에게 옮겨져서 각종 질병의 원인이 된다. 중금속이 함유되어 있는 농약의 대량 사용과 각종 생활 쓰레기와 산업 폐기물의 부적절한 매립으로 인한 오염은 토양 오염의 대표적인 예이다.

오염으로 인한 환경 파괴의 문제는 이제 인류를 비롯한 지구 생태계를 이루는 모든 생물의 존립을 위협하는 문제가 되었다. 따라서 이 시대를 살아가는 우리가 해결해야 할 가장 시급한 문제이다. 그러나 환경 파괴의 문제를 해결하는 것은 결코 쉬운 일이 아니다. 환경 파괴의 문제는 근본적으로 인간의 무지와 이기심에서 비롯되기 때문이다.

따라서 환경 파괴의 문제를 극복하기 위해서는 무엇보다도 우리 모두가 생태계에 대한 이해를 증진시키는 한편, 자신의 작은 이익을 위해 환경을 파괴하는 일은 결코 않겠다는 인간으로서의 도덕성을 회복시키는 노력을 계속하여야 할 것이다.

환경 파괴의 문제를 해결하는 일은 과학자들만의 일도 아니며, 정치가들만이 나서서 될 일도 아니다. 현대를 살아가는 우리 모두가 반드시 나누어 가져야 될 책임이다. 물론 경제적인 목적 달성을 위해 환경 문제를 소홀히 다루어 온 정책이 환경 파괴의 문제를 최우선의 과제로 다루도록 변화해야 할 것은 두말 할 필요가 없을 것이다. 환경 보존을 위한 노력에는 전 지구의 환경 보존을 위해 국제적으로 협력하는 방안도 강구돼야 할 것이다.

3절 | 식량 문제의 해결

선진 산업국가에 사는 사람들에게 식량 문제는 심각해 보이지 않을 것이다. 그들 주위에는 늘 충분한 식량이 싼 값으로 제공되고 있기 때문이다. 그러나 현재도 지구의 곳곳에서는 식량 부족으로 굶어 죽어가고 있는 사람들이 수백만을 헤아리고 있다. 더구나 이런 지역의 인구는 폭발적으로 늘어나고 있어서 앞으로 갈수록 식량 문제는 심각해질 전망이다. 따라서 식량 문제를 해결하지 않고서는 평화로운 지구의 모습을 상상하기 힘들게 되어 있다.

생물학의 눈부신 발전으로 무기물이 결합하여 유기물을 합성하는 광합성의 과정을 어느 정도 밝혀내기는 했지만, 인공적으로 무기물에서 인간의 식량이 되는 유기물의 합성을 하지는 못하고 있다. 길가에 있는 조그만 잡초의 잎 속에서 일어나는 과정을 거대한 공장 속에서 재현시키지 못하고 있는 것이다.

따라서 앞으로의 식량 문제 해결은 2가지 방향에서 시도되어야 할 것이다. 하나는 식물의 재배 면적을 넓히고 단위 면적당 수확량을 늘리는 재래식 방법의 개량이다. 육지뿐 아니라 지구의 대부분을 차지하는 바다를 식량 생산에 이용하는 방법도 개발돼야 할 것이다.

실제 바다에서는 생선 같은 동물성 식품과 함께 동양인들이 좋아하는 미역, 김, 다시마 같은 식물성 식량도 공급하고 있는데, 앞으로 이것을 연구하면 이용할 소지가 많을 것으로 보인다. 식량 문제 해결의 다른 한 방법은 인공적으로 식량의 원료가 되는 탄수화물과 단백질, 지방을 합성하는 기술을 개발하는 것이다.

현재의 기술 수준으로는 당분간 이것이 실현되기 어렵다고 하더라도 21세기에는 가능하게 될 가능성이 있다. 이것은 인간의 식량 문제를 근본적으로 해결하는 방법이 될 것이다.

그러나 환경 오염의 문제와 마찬가지로 식량의 문제도 과학 기술만으로는 해결하기 힘들다. 이것은 국제 정치의 문제이며 사회 구조의 문제이기 때문이다. 식량의 문제는 식량의 생산량을 증대시키는 것과 함께 식량 분배의 문제를 해결해야 한다. 한쪽에서는 식량이 남아도는데 다른 쪽에서는 기아와 굶주림으로 죽어 가는 것이 현재 지구가 처한 현실이기 때문이다.

과학 기술의 발달은 인류가 당면한 식량 문제를 해결하는 해결책을 제시할 수는 있겠지만, 그 기술을 이용해서 실제로 식량 문제를 해결하는 것은 과학의 문제라기보다는 정치나 사회의 문제라고 할 수 있다. 그러나 과학의 문제이든 사회의 문제이든 인류의 평화를 위해서는 절대 빈곤의 문제를 해결하는 것이 무엇보다 시급하다.

4절 | 새로운 기술의 개발

21세기에는 새로운 첨단 기술이 개발되어 인류가 더욱 편리하고 안락한 생활을 할 수 있도록 해줄 것이다. 21세기에 이루어질 새로운 기술의 개발을 20세기에 예측하는 것은 쉬운 일이 아니다. 근대 과학이 성립된 이후 과학과 기술의 발전은 항상 인류의 상상력을 앞질러 왔기 때문이다. 더구나 최근에 컴퓨터를 중심으로 이루어지고 있는 기술의 혁신은 사람들의 상상을 초월하고도 남는다. 그러나 현재 진행되고 있는 연구 개발의 추이를 바탕으로 21세기에 이루어질 기술 혁신의 방향을 대충이나마 짐작해 볼 수 있을 것이다.

1. 초전도 기술

현재 진행 중인 여러 가지 새로운 기술 개발에서 항상 세인들의 기대와 관심을 모으면서 발전해 온 기술은 초전도 기술이다. 모든 도체의 저항은 온도에 따라 달라진다. 온도가 높아지면 저항도 올라가고 온도가 낮아지면 저항도 작아진다. 그런데 물체의 온도를 낮추어 가면 어떤 온도 이하에서는 저항이 없는 초전도체가 된다. 이런 온도를 전이 온도라고 한다. 그런데 전이 온도는 물질에 따라 다르기는 해도 그 온도가 매우 낮아서

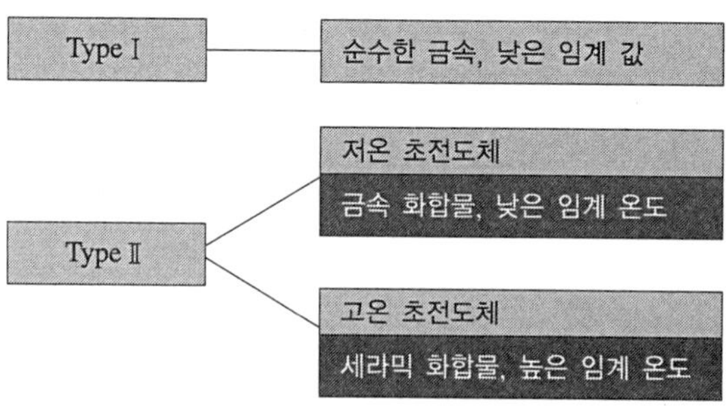

초전도체의 종류

초전도 현상

절대 온도 0도 근처이다. 앞으로 연구 개발이 진행됨에 따라 초전도체의 전이 온도는 점점 높아질 것이다. 21세기에 이 전이 온도가 어느 정도까지 올라갈지 예상하기는 힘들다. 그러나 실용적으로 사용하기에 충분한 온도까지 올라가게 될 것이고 그렇게 되면 통신, 교통 등에 커다란 변혁을 가져올 것이다.

2. 극미 과학(나노 과학) 기술

초전도에 대한 연구와 함께 사람들의 관심을 끄는 것이 극미의 세계에 대한 연구이다. 인간은 원자보다 작은 세계에 대해 많은 것을 이해하고 있다. 그러나 이런 세계는 우리의 일상 생활의 크기보다 워낙 작아서 원자와 같이 작은 물질을 마음대로 다루는 일은 쉬운 일이 아니다. 이런 작은 세계를 마음대로 조작하려는 것이 극미 과학 또는 나노 과학이라고 부르는 분야이다. 나노(nano)란 그리스어의 '난장이' 라는 의미에서 유래한 말로 10억분의 1을 가리키는 미세 단위이다. 1 나노미터(1 nm)는 머리카락 굵기의 10만분의 1에 해당한다. 원자 하나의 크기가 대략 0.2 nm 정도이므로 나노 크기란 원자 수십~수백 개 정도의 크기를 말하는 것이다. 나노 기술을 이용하여 정보 저장 소자(MRAM), 연산 소자(SET), 정보 입출력 양자 점소자(LD), 정보 표시 소자(CNT-FET), 전원(CNT battery)

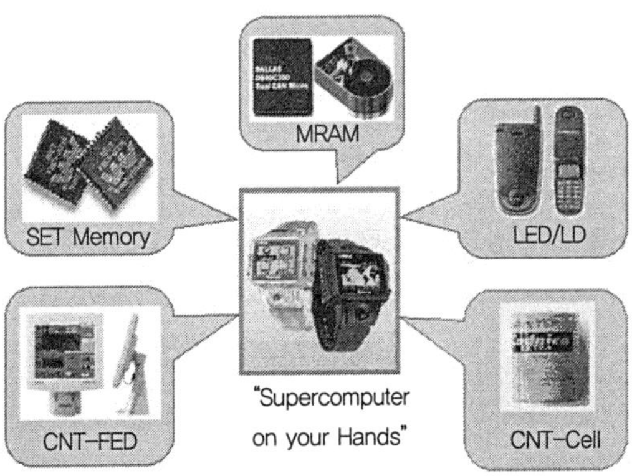

나노 기술의 응용 분야

tery) 등을 개발하면 초고성능 슈퍼 컴퓨터를 손목 시계만한 크기로 제작하여 항상 휴대할 수 있다. 또한 지구상의 모든 정보를 테라비트(terabit)의 속도로, 그리고 실시간으로 수집 및 분석할 수 있게 된다.

3. 극진공 기술

우주 공간과 같이 거의 아무 것도 없는 진공을 만들어 내는 극진공 기술 또한 21세기에 크게 발전할 가능성이 있는 분야이다. 대기 중에는 여러 가지 기체가 포함되어 있어서 순순한 물질의 제조나 정제가 어렵다. 따라서 불순물이 전혀 섞여 있지 않고 결합이 전혀 없는 순수한 물질을 만들기 위해서는 대기 입자가 전혀 없는 극진공이 필요하다.

4. 우주 개발 기술

21세기에는 우주 개발 또한 활발하게 전개될 것이다. 1960년대와 70년대에 진행되었던 경쟁적인 우주 개발이 정치, 경제적인 이유로 잠시 주춤해지기는 했지만 21세기에는 다시 한 번 우주 개발의 붐이 일어날 것이다. 우주만큼 인류의 지적 호기심을 자극하는 대상이 없기 때문이다. 우주 개발은 지구 궤도 위에 우주 기지를 건설하는 것으로 시작될 것이다.

5. 생명공학 기술

21세기에는 생물학 분야에서도 더 많은 발전이 있을 것이다. 생물학의 가장 중요한 과제는 유전의 메커니즘을 밝혀내는 일이다. 유전 정보와 유전 정보가 발현되는 과정에 대한 연구는 인류의 가장 큰 숙제로 남아 있는 암과 같은 불치의 질병을 정복하는 획기적인 방법을 제공해줄 것이다. 물론 생명의 신비를 벗겨내려는 인류의 노력을 걱정스러운 눈길로 바라보는 사람들도 많이 있다. 그러나 인류는 역사를 통해 그들의 지식에 대한 욕망이 얼마나 큰가를 증명해 보였다. 따라서 생명의 신비를 이해하려는 노력은 일부의 염려에도 불구하고 조금도 멈추지 않을 것이다. 21세기의 생물학은 생명의 신비의 베일을 벗기는 데 앞장서게 될 것이다.

6. 전자공학 기술

21세기를 놀랍게 바꿔 놓은 전자공학은 21세기에도 여전히 놀라운 마술쇼를 계속 연출할 것이다. 공장과 사무실의 자동화는 가정의 자동화로 발전할 것이고 인간이 해야 할 많은 일들은 전자가 대신해 줄 것이다. 전자공학의 발달은 통신 혁명을 가지고 와서 사람은 이제 공간의 제약을 받지 않고 다른 사람과 통신하고 일을 하며 즐길 수 있게 될 것이다.

5절 | 새로운 산업사회의 위기

21세기에 이루어질 이러한 과학과 기술의 발달은 인간의 본성을 바꾸어 놓을지도 모른다. 인간에게는 다른 사람과 끝없는 경쟁을 하는 경쟁심이 있어서, 이것이 개인이나 사회의 원동력이 되기도 하고 불화의 원인이 되기도 했다. 그러나 이제 인간은 다른 사람과의 경쟁에서 이기는 데에 만족을 얻는 것이 아니라 기계를 다루고 부리는 데서 만족을 얻을 수 있으므로 다른 인간과의 불화가 적어질지도 모른다. 새로운 산업사회의 발달과 더불어 인류의 생존에 치명적인 영향을 미칠 수 있는 몇 가지 문제점과 위기가 존재하고 있다.

1. 핵 병기와 기아의 공포

세계의 GNP의 9%가 군사비이며 선진국에서는 원자 폭탄, 수소 폭탄에 이어 생화학 무기 등 새로운 치명적 무기들이 막대한 돈이 투자되어 개발되고 있는 한편으로는 제3세계에서는 많은 사람들이 기아에 허덕이면서 죽어가고 있는 실정이다. 세계의 군사비의 10%를 제3세계에 원조하면 기아는 해소될 수 있을 것이다.

2. 정보화 사회의 위험

모든 개인의 정보는 단말기를 조작하여 쉽게 입수된다. 이로 인하여 주민들의 관리가 용이하면서 강화되어 독재가 쉽게 가능하게 되고, 개인의 프라이버시를 심각하게 침해받는다.

오늘날에도 전화 도청, 이메일 감시, 몰래 카메라 등으로 개인의 사생활이 많이 노출되고 있는데 이러한 현상은 앞으로 더욱 심각하게 되어 누군가가 24시간 나의 사생활을 낱낱이 보고 들을 수 있는 무서운 세상이 될 수 있을 것이다.

3. 지구의 심각한 오염화

대기 속의 산소의 약 60%는 해상의 식물성 플랑크톤에 의해서 만들어진다. 이들 플랑크톤을 위협할 우려가 있는 것들을 바다에 버려 바다의 오염이 현재의 속도로 진행된다면 지구상의 대부분의 생물은 질식사하게 될 것이다.

바다의 오염원으로는 DDT 등의 살충제, 세척제, 화학 폐기 물질, 중금속, 방사성 폐기물, 석유 등이다. 특히 석유는 장시간 해상에 얄팍한 막을 형성하여 해상에 떠오르는 플랑크톤을 죽이게 된다.

4. 유전공학의 오용 문제

유전자 개편이 잘못하여 위험스런 미생물을 만들어낼 가능성도 있다. 특히 누군가가 이를 의도적으로 악용하여 생물학적 무기를 개발한다면 이것은 인류에게 치명적인 위험 요소가 되어 인류의 멸망을 불러올 수도 있을 것이다. 자연과학은 오늘도 지구 곳곳에서 많은 학자들에 의해 연구되고 있다. 그들의 연구 분야는 매우 전문화되어 스스로도 그들의 연구가 인류의 장래에 어떤 영향을 줄지 모르는 채 연구되고 있는 경우가 많다. 그러나 많은 우려에도 불구하고 부분적인 실수를 극복하고 자연과학의 발전은 결국 인류에게 도움이 되는 쪽으로 가게 될 것이다. 인류는 역사를 통해 많은 시행착오를 거치면서도 결국은 과거보다 더 살기 좋은 현재를 만들어 낸 경험이 있기 때문이다.

6절 | 현대 과학이 나아갈 길

가설이나 독단을 사용하지 않고 수학적, 합리적, 경험적, 실험적 방법을 사용해서 물리학과 천문학에서 획기적인 성공을 거둔 뉴턴 종합, 혹은 뉴턴과학은 이후 서구 사상에 지대한 영향을 미치는 하나의 정신적 이데올로기로 작용한 면이 적지 않았다. 인간의 이성의 힘에 대한 절대적인 믿음은 곧 낙관론으로 이어졌으며, 18세기 프랑스의 계몽 운동가들에게 영감을 주어 백과사전 운동을 전개하는 한 동인이 되었다. 이때의 백과사전 운동은 지식을 수집해서 보존하려던 로마시대의 그것과는 달리 그러한 지식을 바탕으로 인간의 사고를 개조하려는 적극적인 운동이었다. 편견이나 독단에 의존하지 않는 과학의 이성적인 이미지는 이후 19세기 말 20세기 초반의 비엔나 학파로 불리던 논리 실증주의자들에게 이어졌고 이들은 보편 언어에 의한 하나의 통일된 과학을 꿈꾸며, 과학의 객관성에 대한 그리고 과학의 가치 중립성에 대한 수많은 신화들을 만들어 왔다.

그러나 제2차 세계대전 중에 미국의 로스 알라모스에서 진행된 맨해튼 프로젝트와 그것의 산물인 원자 폭탄은 그러한 신화를 깨뜨렸으며, 과학의 또 다른 면을 극단적으로 보여주었다. 과학은 누구에 의해서 생산되느냐와 별개로 누구에 의해서 사용되느냐에 따라서 인류에게 가장 무서운 재앙이 될 수 있었다. 뉴턴 이후의 과학은 인류에게 편리함과 번영과 해방의 이데올로기를 제공하는 낙관적 존재였지만 이제 과학은 언제든지 그 파괴적 이면성을 과감하게 드러내는 무서운 존재임이 증명되었다. 중세적 신과 악마의 갈등에서 과학을 통해 해방되었던 인류는 이제 또 다시 다른 갈등에, 선한 과학과 악마적 과학이라는 문제에 휘말리며 얽매이고 있다.

원자 폭탄의 투하는 과학의 또 다른 측면을 새롭게 보여주었다. 맨해튼 프로젝트에 직접 참여하였던 유태인 미국 과학자들과 프로젝트의 지휘를 담당한 정치권자들의 원폭 투하 갈등은 과학 정책이 어떻게 누구에 의해 결정되어야 하느냐라는 문제를 야기했으며, 오늘날에는 이것을 전문적으로 다루는 과학정책학이라는 새로운 학문까지 등장하였다. 게다가 그것은 과학의 윤리 또는 과학자의 윤리라는 전혀 새로운 고민거리도 던져주었다. 과학자는 어디까지 과학에 대해 책임을 져야하는가? 이러한 문제는 1980년대 들어 등장한 인간 유전자 해독 프로젝트로, 일명 게놈 프로젝트에 의해 더욱 가시화 되었고, 1990년대 스코틀랜드 로즐린 연구소에서 복제 양 돌리가 탄생되고 수원의 서울대 농대 실험실에서 소가 복제되면서 일반인들의 화두로까지 유행하고 있다. 이제 TV 화면에서는 유전자를 조작한 신약이 광고되고, 부모가 누구인지도 모르는 아이들이 출생하는 뉴스가 보도되며, 다가올 21세기는 인종 차별주의가 아니라 유전자에 의한 차별주의가 등장할 것이라는 우려의 목소리가 들려온다.

그 파괴적인 모습을 여기저기에서 과감하게 드러내고 있는 것은 수를 헤아릴 수 없이 많다. 가장 근래에는 플라스틱의 소각으로 인해 방출되는 다이옥신이라는 환경 호르몬이 가지는 엄청난 독성이 사람들을 놀라게 하고 있다. 산성비와 오존층의 파괴, 해마다 증가하여 탄생하는 기형의 아이들, 이미 사라진지 오래인 수많은 동식물들은 우리에게 무엇을 말하고 있는가? 맥도널드 햄버거를 포장하기 위해 아마존강의 레인포리스트의 아름드리 나무들이 수도 없이 베어져갔던 것을 우리는 교훈 삼아야 하지 않을까? 아직도 경제적 번영이라는 깃발 아래 많은 후개발국가들은 자연을 파괴하고 있으며, 영국, 미국과 같은 선진국에서는 편리함과 문명화의 척도로 자동차를 비롯한 각종 전기 제품과 플라스틱 제품을 규제 없이 사용하고 있다.

환경은 이제 어느 특정 국가의 문제만이 아니다. 환경은 지구인 모두가 직면하고 있는 문제이며 모두의 슬기를 모아 현명한 모색의 길을 찾아야 하는 절박한 문제이다. 과학은 더 이상 과학자의 것도 아니고 소수 과학 정책 결정권자들의 것도 아니다. 그럼에도 그린벨트는 소수의 이익을 위해 풀려버렸고, 그나마 남아있던 녹지는 우리 눈앞에서 당장 사라져갈 지경이다.

과학은 비록 소수에 의해 창출되고 역사적으로 영위되어 왔지만 이제 인류 모두의 것이며, 인류 모두가 공동으로 대처하지 않을 때 그 파괴적인 야누스의 얼굴을 언제든지 내밀게 될 것이다. 낡은 미신과 몽매로부터 인류를 해방시켰던 이성의 상징인 과학이 이제는 인간의 미래를 위협하고 있다. 우리의 밝은 미래는 과학의 본성을 파악하고 그것의 방향을 조절하는 능력에 있다고 해도 과언이 아닐 것이다.

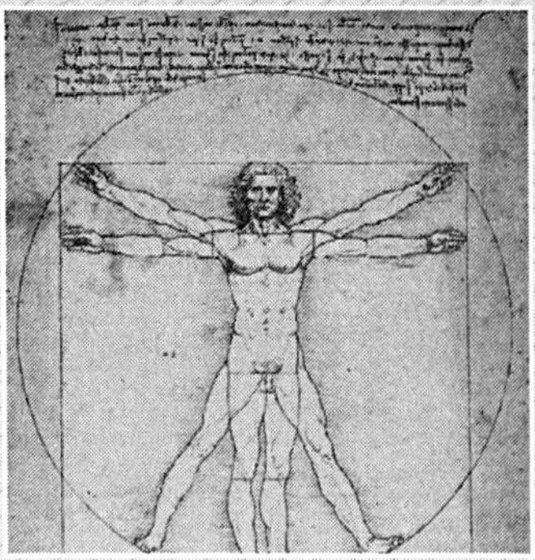

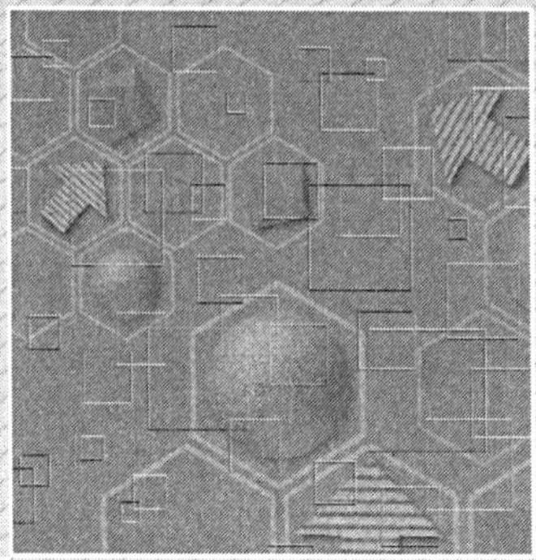

Comprehension of Science History

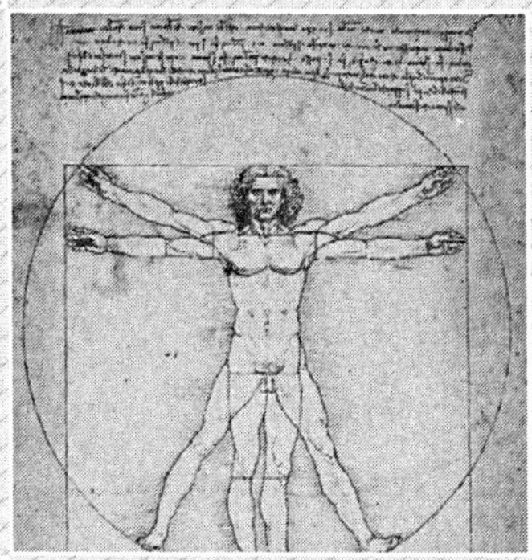

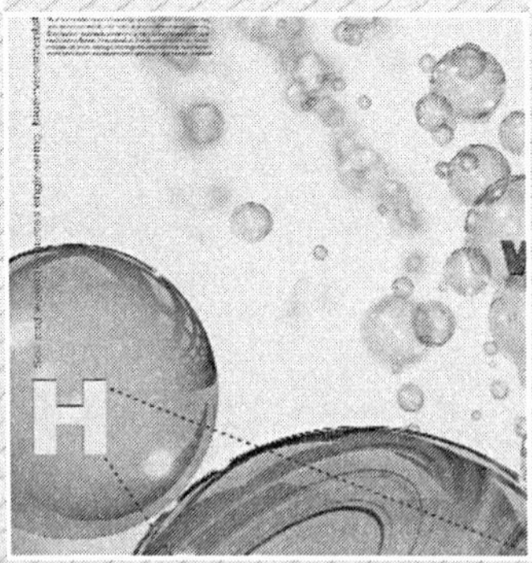

과학사 이해

제 6 부

한국의 과학

| 제15장 | 한국의 전통 과학

제15장 | 한국의 전통 과학

한국은 5천 년의 오랜 역사를 가진 나라이다. 한국은 동아시아 문명권의 주변에 위치하여 예부터 중국 문명의 강한 영향을 받고 있었다. 그러나 한국인은 중국과는 다른 독자적인 문화의 전통을 쌓아올렸다. 한국의 자연에 조화되는 문화, 그리고 그 자연 속에서 보다 나은 삶을 유지하기 위한 과학과 기술을 개발하는 노력을 기울인 것이다.

1절 | 한국 고대 과학의 시작

문화 민족으로서의 한국인은 과학과 기술의 역사에 있어서 창조적 전통을 이룩했다. 한국 과학의 역사는 중국의 거대한 전통 과학의 도도한 흐름에서 볼 때, 실질적으로 중국 과학사의 한 지류라고 할 수 있고, 또 그 변형이기도 했다. 그러나 중국의 과학과 기술은 거의 모든 경우 한국인에게 그대로 받아들여지지 않았다. 한국인은 한국인의 과학 기술을 전개했고 한국의 자연, 기후와 풍토에 어울리는 과학 기술을 발전시키려고 노력했다.

그들은 중국의 선진적인 과학 기술을 받아들이는데 언제나 진취적이었다. 그러면서도 그것은 한국인에게 편리하고 그 자연에 조화되도록 변형된 것이다.

1. 석기시대

한국에는 50만 년 전이라고도 하는 구석기 문화가 있었다. 한국의 구석기인이 쓰던 도구 중에는 동부아시아에서는 거의 발견된 일이 없는 것이 있다. 한국의 구석기시대가 확실하게 학계의 인정을 받게 된 것은 그리 오래되지 않았다. 1930년대만 해도 한반도에서는 오직 하나의 유적이 보고되었을 뿐이다. 그런데 1960년대에 들어와서 여러 유적들이 발견되었다. 활발한 유적 조사 발굴을 통해서, 한국의 구석기시대의 유적이 전국적으로 분포되어 있다는 사실을 알게 되었다. 한국의 구석기인들은 동굴이나 바위 그늘에 살았고, 평지에 집을 짓고 살기도 했다. 후기 구석기시대의 집 자리에는 화덕 자리도 남아있어, 불을 이용하여 집안을 따뜻하게 하고 요리를 하기도 했으리라는 것을 말해주고 있다. 그들은 동물의 뼈나 뿔을 다듬어서 만든 도구를 쓰고, 돌을 다듬어서 만든 석기를 많이 사용했다.

이런 석기들은 처음에는 돌의 한쪽 면만을 다듬어서 썼으나, 나중에는 양쪽 면을 모두 다듬어서 날을 세워 쓰게 되었다. 주먹도끼, 찍개, 찌르개, 요리 도구인 긁개, 밀개, 공구인 새기개 등이 그것들이다. 또 기원전 6천년 경부터는 신석기시대의 문화가 시작되고 있었다. 한국의 신석기인은 중국과는 다른 북방 계통의 인종이다. 이들 신석기인의 혈통은 구석기인과는 달리 끊어지지 않고 이어져서 한국 민족의 형성에 참여한 것으로 보인다. 이들은 오랜 역사적인 과정을 거치는 동안에 서로 융합되고 또 청동기시대의 새 요소들과 결합되어 한국 민족을 형성하기에 이르렀을 것이다.

한국의 신석기인들은 빗살무늬토기를 만들어 썼다. 그리고 그들은 대체로 바닷가나 강가에서 살았다. 그들은 주로 고기 잡이로 식생활을 이어

나갔다. 돌로 만든 그물추, 작살과 낚시 등의 도구들이 신석기 유적에서 발견되는 것은 이것을 말해 준다. 그들은 사냥도 했다. 잡아먹은 사슴·노루·멧돼지 등의 뼈가 발견되고, 돌로 만든 화살촉이나 창 등의 석기는 사냥에 쓰인 유물들이다. 그들은 또 도토리 알 같은 과일을 채집해다 먹기도 했다. 그러다가 후기에 이르면서 그들은 농경을 시작하게 되었다. 땅을 일구는 데 쓴 돌로 만든 괭이, 추수할 때 쓰는 반달돌칼 등의 새로운 도구들이 그 유적에서 발견되고 있는 것이다. 벼라고 생각되는 곡식이 발견되고, 돌로 만든 갈판 맷돌이 발견되는 것은 곡식이나 열매를 갈아서 가루로 만들어 먹기도 했음을 말해 준다. 신석기인들은 주로 움집에서 살았다. 그리고 그 한가운데는 화덕이 자리 잡고 있었다. 또 그들은 돌칼을 써서 가공한 짐승의 가죽으로 옷을 만들어 입었고, 뒤에는 흙으로 만든 가락 바퀴를 써서 옷감을 짜기도 했다.

2. 청동기시대의 과학 기술

기원전 1천 년경부터 있었던 청동기 문화도 중국의 과학 문명과는 다른 북방계 문화의 영향에 의하여 발전한 비교적 수준이 높은 기술에 의한 것이었다. 그 토착 기술의 전통 위에 중국의 과학과 기술을 받아들였다. 그래서 한국인은 중국의 그것을 언제나 한국적인 것으로 변용하고 개량하려는 노력을 기울여, 거기에서 더욱 새로운 것을 만들어 내려고 시도했다. 그러한 대표적인 청동기로 청동 검과 청동 거울을 들 수 있다. 비파모양의 청동 검과 한국식 청동 검, 그리고 2개의 꼭지가 달린 굵은 줄무늬 청동 거울과 가는 줄무늬 청동 거울은 한국에 독특한 청동기이다. 중국에서는 거의 찾아 볼 수 없는 이 독특한 형식의 청동 검과 청동 거울은 청동기시대 지배자들의 권력의 상징물이거나 종교적인 의식에 쓰는 의기(儀器)로 썼을 것이다. 이것들은 청동 방울과 함께 일본에 건너가서 신기(神器)로서 종교적 상징물이 되었다. 이 청동기들은 매우 독특한 디자인과 주조 기술이 뛰어나서 한국의 청동기 기술이 높은 수준에 있었음을 말해주고 있다. 현재 숭실대학교 박물관에 보존되어 있는 기원전 4세기 잔줄무늬 청동 거울은 그 기하학적 디자인과 정교한 주조 기술의 우수함에서 놀라운 솜씨를 발휘한 유물로 주목되는 것이다. 직경 21 cm의 이 청동 거울에는 0.3 mm 간격의 가는 평행선이 1만 3천 개가 그려져 있는데, 그 선들은 수많은 동심원과 그 원들을 등분하여 생긴 직사각형과 정사각형, 그리고 삼각형들이 정확하게 제도되어 있다. 여기서 컴퍼스가 사용되고 있다는 사실은 매우 중요하다. 이와 비슷한 잔줄무늬 청동 거울은 한국에는 여러 개가 남아있지만, 일본을 제외한 다른 지역에서는 발견된 일이 없다.

청동기에서 또 하나 독특한 것으로 비파모양 청동 검과 후기에 나타난 한국식 청동 검을 들 수 있다. 이들 청동 검도 그 독특하고 세련된 디자인과 뛰어난 주조 기술에서 그 시기의 다른 어느 지역의 청동기 기술을 능가하고 있다. 기원전 4세기경에 출현한 이 한국식 청동 검들은 돌 거푸집을 써서 대량으로 생산되었다. 일본에서 발견된 것들 중에는 한꺼번에 수십 자루가 차곡차곡 묻혀 있는 경우도 있었다. 그리고 이 한국식 청동 검은 의기로서 뿐만 아니라, 실제로 동물을 찌르는 데도 사용되었다.

한국의 청동기 기술은 분명히 중국의 그것과는 다른 계통의 기술이다. 그것은 청동기의 성분에서도 나타나고 있다. 한국인이 만든 청동기에는 초기의 것부터 아연-청동 합금으로 된 것들이 나타나고 있다. 장식용이나 의식용으로 쓰는 청동기를 황금빛으로 빛나게 하기 위해서 구리 · 주석 · 납에 아연을 섞는 기술을 개발한 것이다. 아연-청동 합금으로 된 청동기는 중국에서는 한(漢)나라 때에 이르기까지 발견되고 있지 않다. 기술적인 어려움 때문에 중국에서는 개발되지 않았던 합금 기술을 한국의 청동기인은 그들의 필요에 따라서 발전시키고 있었다.

이렇게 한국인은 청동기시대의 첨단 기술인 청동기의 제조 및 합금 기술에서 그들 나름의 창조성을 발휘하고 있다. 그들은 중국의 고도로 발달된 청동기 기술에 압도되지 않고 한국인의 청동기 기술을 개발한 것이다. 한국의 청동기 시대의 기술자들이 진흙 거푸집과 함께 돌 거푸집을 많이 써서 청동기를 주조했다는 사실도 주목할 만하다. 한국에서 많이 발견되는 돌 거푸집은 중국에서는 드물게 발견되기 때문이다. 돌 거푸집들은 청동 검을 대량으로 부어 만들기에 매우 효율적이고 내구성이 강한 특징이 있다. 한국의 청동기 기술자들은 그들의 뛰어난 청동기 주조 기술을 이 돌 거푸집의 개발로 전개할 수 있었던 것이다. 진흙 거푸집은 섬세한 문양과 디자인을 잘 살리기 위해서 개발된 것이다. 최근까지 청동기시대의 여러 청동기들이 밀랍 거푸집으로 부어 만들어졌으리라고 생각되었다. 그런데 몇 가지 실험적 연구로 한국의 청동기 기술자들이 아주 고운 진흙으로 만든 거푸집으로 그것들을 부어 만들었다는 것이 판명되었다. 이 전통 기술은 12~13세기 고려시대에 해감모래 거푸집으로 청동 활자를 부어 만드는 기술로 이어졌다.

한국의 청동기인들은 민무늬토기(무문토기)를 만들어 썼다. 그것은 밑바닥이 좁고 아가리를 뒤집어 겹으로 만든 적갈색을 띤 토기이다. 그들은 신석기인과는 달리 구릉 지대에서 살면서, 청동제의 도끼나 칼 같은 공구를 써서 나무로 여러 가지 농기구를 만들어 농사를 지었다. 반달돌칼이나 홈돌자귀를 써서 벼농사도 시작했다. 물론 사냥이나 고기 잡이도 했다. 그래서 그들의 식생활은 훨씬 다양해지고 넉넉해졌다. 움집의 한쪽에 마련된 화덕에서 그들은 불을 써서 요리도 했다. 1995년에 출토된 발화장치는 한국의 선사시대인도 나무로 만든 발화대에서 회전 막대를 손으로 비벼 돌려 불을 일으켰다는 것을 확인하게 했다.

3. 철기시대의 과학 기술

돌 거푸집에 의한 주조 기술은 기원전 3세기경에 전개된 한국의 독자적 모델의 무쇠도끼 주조 기술로 이어지고 있다. 이 시기에 한국에서는 많은 무쇠도끼들이 같은 크기의 돌 거푸집을 써서 대량으로 주조되었다. 한국의 철기시대는 기원전 5~4세기에 중국의 철기 문화가 들어오면서 형성되었다는 것이 일반적인 설이다. 그렇다면 한국인은 그 새로운 금속 문화를 수용하여 한국인의 주철 기술로 재창조해낸 것이 된다. 그것은 한국인의 기술적 전통이 나름대로 형성되어있었기 때문에 가능했을 것이다.

제철 기술의 발달은 철제 농기구의 대량 생산으로 농업 생산의 혁신적인 증대를 가져왔다. 그리고 철제 무기와 갑옷으로 무장한 강력한 군사력의 증가로 상승되어 권력과 부의 축적으로 이어지게 됐다. 한반도의 남쪽 지역에서 철기시대의 후기부터 많이 나타나는 덩이쇠(철정-막대 모양으로 된 쇠덩이)는 철기 기술이 가져온 권력과 부의 상징으로 독특한 유물이다. 한국인이 만든 특이한 철기인 덩이쇠는 일본으로 건너가 일본의 철기 문화를 발전시키는 기틀이 되었다. 철기의 사용으로 고조선의 성읍 국가는 한층 더 큰 발전을 이룩하게 되었다.

철과 철기의 생산은 국가의 부와 직결되고 강대한 군사력의 바탕이 되었다. 사람들의 생활도 여러 모로 변화했다. 철로 만든 괭이와 보습과 낫 등의 새로운 농기구로 농업이 크게 발달했다. 또 삼베로 짠 옷감으로 옷을 지어 입었다. 움집에는 온돌 난방도 하기 시작했고, 땅위에 목조 가옥을 짓고 살기도 했다. 가축의 사육도 크게 확대되어 갔다. 말이 끄는 마차가 등장하고 수레는 한층 더 발달했다. 생활이 풍족해지고 편해진 것이다.

한국의 철기 기술은 무쇠와 시우쇠, 그리고 강철의 제조 기술이 거의 같은 시기에 전개되고 있다. 그 철제품은 비교적 질이 좋고 규격도 고른 것들이다. 몇 군데 철기시대의 유적에서 제철할 때 쓰이던 토기의 송풍관도 발견되고 있다. 이 시기의 한국의 철기 제조 기술은 중국의 그것과 거의 비슷한 수준에 도달하고 있던 것으로 알려져 있다.

그러나 한국에서는 아직 중국에서처럼 제철로나 제철 도구가 거의 발굴된 것이 없다. 발굴된 유물의 금속공학적 연구도 그리 많은 편이라 할 수 없다. 이런 것들의 연구가 진전돼야 일본에 미친 고대 한국의 철기 기술 문제도 해명될 수 있는 것이다.

2절 | 한국 전통 과학의 형성

기원을 전후한 시기에 한반도의 남쪽 낙동강 하류 지방에서는 새로운 토착 문화가 전개되고 있었다. 그것은 철의 생산을 바탕으로 해서 일어난 것이다. 이 시기에 만든 철 제품은 매우 질이 좋은 것이어서 그 제철 기술이 높은 수준에 이르고 있었음이 확인되고 있다. 철의 생산량도 크게 늘어나서 철 제품의 사용이 급속도로 확대 보급되었다. 계속해서 발굴되고 있는 많은 철 제품 유물들은 이러한 사실을 말해주는 것이다. 돌 거푸집으로 부어 만든 무쇠 도끼들이 계속해서 출토되고 있고 수많은 같은 규격의 덩이쇠(철정)들이 만들어졌다는 사실이 확인되고 있다.

철기가 크게 보급되면서 새로운 토기가 출현하였다. 가야 문화(또는 김해 문화)가 만들어 낸 경질토기가 그것이다. 이 새로운 토기는 이 땅에 살고 있던 원주민들의 민무늬토기에 새로 철기와 함께 들어온 중국식 화도의 기술이 이어진 것이다. 우리가 가야토기라 부르는 이 경질토기는 그 미적 감각이 뛰어난 멋있는 디자인과 쇳소리가 나는 단단한 그릇의 질에서 가장 훌륭한 토기로 평가된다.

가야 문화는 철기의 생산과 새로운 경질토기의 생산으로 특징지어진다. 흙과 불의 조화로 이루어지는 이 기술의 발전으로 가야 문화는 한 차원 높은 창조적 기술의 전통을 세우게 되었다. 그것은 중국과는 다른 가야의 기술 문화였다. 금 장식과 유리 구슬을 만드는 기술의 개발도 가야 문화와 이어지는 것이다. 가야의 기술자들은 이미 기술의 선진 집단을 이루고 있었다. 그들의 기술은 일본으로 전파되었다. 최근의 연구에서 가야는 한반도 남단에서 독창적인 문화권을 형성하고 있었음이 밝혀지고 있다. 높은 수준의 제철 기술과 경질토기 제조 기술, 그리고 금속 공예 기술은 그 유적들이 속속 발견됨으로써 더욱 확실하게 부각되고 재조명되고 있다. 그 창조적 기술은 그 시기 동아시아를 대표하는 것이다. 가야의 왕릉의 하나로 생각되는 고분에 묻혀 있는 많은 덩이쇠와 화려한 금속 제품, 그리고 수백 점의 토기들은 그것을 잘 말해주고 있다. 그것은 또 가야의 기술 수준과 함께 부의 축적을 나타내는 것이다. 그리고 일본의 기술이 가야의 영향 하에서 전개되고 있었음을 보여주는 것이기도 하다. 또 다른 고분에서 발견된 칠기 그릇들과 많은 생활 유물은 가야인의 생활 문화를 이해하는 귀중한 자료로 평가된다. 가야인들은 흙과 불의 과학과 기술에서 매우 뛰어난 재능을 발휘해 창조적인 전통을 이룩하였다. 그 성과는 우리가 지금 알고 있는 것보다 훨씬 많고 수준도 높은 것이라고 생각된다. 한국의 전통 과학과 기술이 이제 막 싹트고 전개되기 시작한 것이다.

가야의 기술 문화가 활발히 전개되고 있을 때, 한반도의 다른 지역에서는 고구려, 백제, 신라의 또 다른 문화가 전개되고 있었다. 고구려인과 신라 · 백제인은 각각 그들의 독특한 형식을 가진 분묘를 만들어 냈다. 그 분묘에 고구려의 화가들은 개성이 뚜렷하고 패기에 넘치는 선과 색채로 벽화를 그렸다. 이 그림들은 고구려의 과학과 기술을 이해하는 데 매우 중요한 자료가 되는 것이다. 또 백제와 신라의 고분에서 출토된 유물들은 그들의 독특한 기술 문화를 말해주고 있다. 왕릉에서 발견된 각종 금 제품은 그 디자인의 독특함과 세련되고 섬세한 제작 기술의 뛰어난 솜씨로 높이 평가되고 있다. 일본의 이소노가미(石上) 신궁에 보존되고 있는 칠지도(七支刀)도 그러한 예의 하나로 꼽을 수 있는 것이다. 4세기에 백제에서 만들어 일본 왕에게 하사한 이 특이한 모양의 철도는 그 시기 백제 금속 기술의 수준을 보여주는 유물이다. 그것은 사슴의 뿔을 연상케 한다.

삼국시대로 이어지는 이 시대의 과학 기술은 철의 기술을 기반으로 한 가야의 과학 문화와 함께 한국적 전통의 색채가 강하게 베어 나오는 나름대로의 특색을 가진 것이었다. 세 나라는 같은 한반도 지역 안에 정립하고 있으면서도 각기 또 다른 자기의 특색을 나타내고 있는 점에서 우리의 주목을 끈다. 그래서 이 세 나라에서 전개된 과학과 기술의 모습을 따로 살펴볼 필요가 있다.

우리는 이들 삼국의 공예품, 특히 신라의 고분에서 발견된 공예품에서 북방계 양식(때로는 오리엔트 양식)의 인상을 강하게 받는 것들이 있다는 사실에 유의하게 된다. 이것도 중국계와는 다른 계통, 즉 한국 청동기 문화의 흐름을 이끈 전통이 이어지고 있는 것이라고 볼 수 있다. 또 이 사실은 중국 고대 과학 문명의 강한 영향 속에서도 한국 기술의 전통이 그대로 살아서 흐르고 있었다는 것을 말하는 것이다. 이러한 기술 문화의 전통 이외에 삼국에는 과학의 학문적 전개를 나타내는 몇 가지 사례가 확인된다. 그 중에서 특히 두드러지는 것이 천문학과 의약학의 성과이다. 기록에 의하면 고구려에는 돌에 새긴 천문도와 천체를 관측하는 천문대가 있었다. 고구려의 고분 벽화에 그려진 천체의 그림은 이 사실을 밑받침하는 것이다.

고구려의 천문도는 14세기 말에 제작된 돌에 새긴 천문도의 설명문에서 그 존재가 확인된다. 283개의 별자리에 1,465개의 별을 그려 넣은 이 별자리 그림은 4~5세기에 제작되었으리라고 생각되고, 그 관측 연대는 최근의 연구에 의해서 기원을 전후한 시기로 밝혀지고 있다. 고구려 천문학의 역사가 오래되었고 그 수준도 높았다는 사실을 말하는 것이다. 그것은 한국의 고문헌 자료에 기록된 일식과 혜성의 관측 기록으로도 확인된다. 그 기록들은 거의 정확하고, 독자적인 관측이 이루어지고 있었음을 말해준다. 천문대는 백제에도 있었는데 백제에는 6세기 초에 역박사가 있었다.

백제의 역박사는 일본에 역법을 전수했고, 천문학자들은 일본에서 물시계를 만들고 천문대를 세우는 데 기여했다. 공주 무령왕릉에서 발견된 6세기의 지석은 백제가 독자적인 역법을 쓰고 있었음을 확인하게 해준다. 그것은 중국의 역법에 바탕을 둔 것이지만 백제를 기준으로 한 관측과 달력의 계산이 있어야 하는 것이다. 백제의 천문학자들은 그 일을 해낼 수 있었다. 그리고 그들은 일본에 가서 천문학을 가르쳤다. 유독 백제만 천문대에 대한 기록이 전해지고 있지 않다. 그렇지만 7세기에 일본에 세워진 첨성대는 백제 천문대의 존재를 분명하게 말해주는 것이다.

경주에는 삼국시대 한국 천문학의 상징인 첨성대가 있다. 647년에 세워진 이 석조 천문대는 지금 남아있는 가장 오래된 천문대 유물이다. 이

첨성대의 구조

첨성대

천문대는 그 아름다운 곡선미를 지닌 우아한 모습으로 한국적 아름다움의 상징으로도 꼽히고 있다. 높이가 약 9 m, 밑지름이 약 5 m, 윗지름이 약 3 m의 크기를 가진 이 천문 관측대는 3 m 평방 가량 되는 정상의 공간에서 관측 활동을 할 수 있게 축조되어 있다. 이 천문대의 기능에 대한 기록은 없지만, 지금까지의 연구에 의해서 첨성대는 다목적의 복합적 기능을 가진 천문 관측대라는 데 의견이 모아지고 있다. 그 가장 중요한 기능은 맨 위에 만들어진 난간을 두른 평평한 공간에서의 관측 활동이다. 그리고 또 하나는 태양 그림자의 변화를 측정함으로써 정확한 절기를 알아내는 기능이 있었으리라는 것이다. 동지점의 정확한 측정, 하지와 춘 · 추분점의 측정 등은 역의 계산에서 매우 중요한 것이기 때문이다. 첨성대는 신라 천문 관측의 중심지로서의 의의도 컸다. 그것은 신라 천문 관측에서 자오선의 표준이 되었고, 방위의 표준으로서의 구실을 했다.

첨성대가 세워지면서 신라의 천문 관측 기록들이 보다 충실해지고 정확한 것으로 분석되고 있다. 신라 천문 관측 기록들은 첨성대에서의 천체 관측 활동이 제도적으로 활발하게 이루어지고 있었음을 말해주고 있다. 신라 천문학자들은 중국에서 천문학과 역학을 배웠지만, 언제나 배우고 모방하는 것으로 만족하지 않았다. 그들은 자기의 천문학을 가지려고 노력하였다. 첨성대는 그들의 그러한 노력에서 얻어진 귀중한 소산이었다. 첨성대와 같은 천문대는 그 당시 중국에서도 찾아볼 수 없는 것이었다. 이것은 한국 고대 과학 기술의 가장 뛰어난 유물 중의 하나이다.

삼국시대의 과학적 성과에서 또 하나 두드러진 것이 있다. 한국 의약학의 전개이다. 불로장생의 의약학적 처방들과 질병 치료를 위한 한국의 약재들에 관한 기록과 평가는 단편적이기는 하지만, 그 시기의 한국 의약학의 체계적인 모습을 짐작하게 한다. 고구려의 연단술과 불로장생의 약재에 관한 지식과 사상을 나타내는 6~7세기 고분벽화의 생생한 그림은 많은 것을 함축하고 있는 자료이다. 거기에는 신선과 선녀로 상징되는 도교의 선도 사상이 표현되어 있고, 약 그릇을 들고 영지를 채취하는 선녀의 모습으로 불로장생과 관련된 약재의 지식이 상징적으로 나타나 있다. 고구려 고분벽화의 광물성 칠의 품질이 우수한 것은 연금술과 연결된다. 도홍경의 『본초경집주』에서 고구려의 금은 잘 정련되어 복용할 수 있다고 적혀있다. 백제는 6세기 의박사와 채약사를 일본에 파견했고, 『백제신집방』이라는 의약서가 일본에 전해졌다. 이것은 백제에서 전개된 전통 의약 처방을 담은 책으로 생각되고 있다. 중국과 일본에서는 신라에서 생산되는 인삼과 우황을 높이 평가하고 있었다. 『신라법사방』은 일본에 전해진 신라의 의서이다. 일본의 역사서에는 17명의 한국인 의사의 이름이 전해지고 있는데, 이들은 일본의 왕실에서 명의로 칭송되던 의사들이었다.

삼국시대의 과학 기술은 일본에 남아있는 기록과 유물에서도 그 창조적 전개의 양상이 나타나고 있다. 그것은 어떤 면에서는 한국에서 찾아볼 수 있는 것보다 훨씬 선명하고 다양하다. 잃어버린 고리들 중의 많은 부분이 일본에 남아 있는 것으로 복원되고 있다. 그러나 한국 학자들은 지금까지 그 작업을 활발하게 해내고 있지 않았다. 이 작업은 우리에게 매우 중요한 과제의 하나라는 인식이 필요한 것으로 생각된다.

3절 | 창조적 과학의 전개

한국의 고대 과학에서 통일신라시대는 비교적 많은 기록들과 유물들이 알려져 화려하게 조명되고 있는 시기이다. 이 시대의 한국인은 과학과 기술에서 많은 창조적 발전을 이룩했다. 한반도의 통일과 함께 삼국의 과학 기술의 전통이 상승되고 중국에서 당나라의 높은 과학 문명이 영향을 준 것이다. 신라 사람들은 그것들을 잘 수용하여 신라의 과학과 기술을 창조해 내는데 성공했다.

석굴암과 청동 범종, 그리고 다라니경 등은 그 대표적인 유물이다. 신

석굴암

라의 기술자들이 남긴 8세기 최고의 건조물인 석굴암은 그 뛰어난 기하학적 조형 설계와 축조 기술의 비범함으로 한국 고대 건축 기술의 정화라고 평가되고 있다. 석굴암은 의심할 여지없이 중국의 석굴 사원을 모방하여 만든 것이다. 그러나 중국의 그것이 자연의 암벽에 조영된 데 대하여, 석굴암은 원과 구, 그리고 삼각형 · 육각형 · 팔각형에 이르는 모든 구성법을 자유로이 조화시켜 하나의 통일체를 이루게 축조한 인조 석굴이다. 석굴암은 완벽한 기하학적 설계를 바탕으로 조성되었다. 그 예술적 감각이 뛰어난 세련된 의장 계획과 훌륭한 조형 기술에서 우리는 신라 공장(工匠)의 과학과 만나게 된다.

이렇게 미의 창조자로서의 신라 공장(工匠)의 과학과 기술은 또 하나 한없이 아름다운 범종을 만들어 냈다. 그들은 중국 고대의 종과 탁(鐸)을 결합하여 신라 특유의 형식을 가진 종을 만든 것이다. 종을 거는 고리인 용유에 붙인 공명용 음관이 그것이다. 또 신라의 기술자들은 종의 주조를 좋게 하기 위해서 구리, 주석, 납의 청동에 아연을 가한 황동을 만들었다고 문헌에 나타나 있는데, 이것은 9세기 초의 신라 범종의 화학 분석에 의해서 증명되었다. 중국의 유명한 박물학서인 이시진의 『본초강목』에 '페르시아 동은 거울을 만드는 데 좋고, 신라 동은 종을 만드는 데 좋다'고 쓰여 있는 것도 이 사실을 밑받침하는 것으로 생각된다. 지금 국립 경주 박물관에 보존되어 있는 유명한 성덕대왕 신종은 771년에 주조된 것인데 높이 3.3 m, 무게가 약 19톤의 거대한 종으로 그 형태의 장중함과 문양의 미려한 배치 등은 신라 범종의 전형이라고 할 수 있는 것이다. 신라 범종은 형태가 단정하고 아름답고, 종소리가 청아하며 길게 트인 은은한 여운으로 우리의 심금을 울려준다. 그것은 청동 주조물의 조형미를 가장 훌륭하게 창출해 낸 신라 기술자들의 합금 주조 기술의 소산이다.

신라의 공장(工匠)들은 8세기 전반기에 목판 인쇄를 시작했다. 1966년에 우연히 발견된 다라니경 두루마리는 705년에서 751년 사이에 닥종이에 목판으로 인쇄된 것으로 판명되어, 현존하는 세계 최고의 인쇄물로 인

「무구정광대다라니경」

정되고 있다. 한국 학계는 이 『무구정광대다라니경』의 출현을 인쇄 기술이 한국에서 시작된 사실을 밑받침하는 것으로 받아들였다. 그것은 현존하는 자료에 의거하는 한 인쇄 기술의 발명은 중국에서보다 신라에서 먼저 이루어졌다는 것이 되기 때문이다. 그것은 어떻든 신라의 기술이 8세기 전반에 목판 인쇄를 해낼 수 있는 수준으로까지 성숙하고 있었다는 사실은 기술사적으로 큰 의의를 가지는 것이다. 중국의 선진 기술과의 격차가 그만큼 적었다는 것을 나타내고 있기 때문이다. 이 목판 인쇄 기술 발명의 배경에는 신라의 뛰어난 종이 제조 기술이 있었다. 1995년에 화엄사 석탑에서 발견된 불경 두루마리는, 아름다운 백색을 그대로 간직한 얇고 질긴 닥종이로 알려지고 있다. 그 당시 중국에서 높이 평가된 신라 종이인 것이다. 이 종이는 지금까지 발견된 어느 신라 종이보다 제조 당시의 상태를 잘 보존하고 있어, 신라 종이 제작 기술의 우수함을 실증하고 있다. 그것은 8세기에 가장 앞선 뛰어난 기술이었다. 일본의 『백만탑다라니경』은 틀림없이 신라인이 전한 기술에 의하여 이루어졌을 것이다. 일본에서의 목판 인쇄는 그 후 끊어졌지만, 한국에서는 쭉 계속되어 청동 활자 인쇄술의 발명으로까지 발전하였다.

한국인은 중국의 과학 기술이 아닌 한국의 과학 기술에서 새로운 것을 끊임없이 일본에 전파할 수 있을 만큼 성장하고 있었다. 한국인이 고대 일본에 전한 과학과 기술은 여러 분야에 걸친 것이었다. 그 중에서 특히 중요한 것의 하나로 5세기경까지 백제에서 성립하여 일본에 전파된 혁신적 농업 기술을 꼽을 수 있다. 그 당시 백제에서는 벼농사가 발달하고 있었다. 중국 화남 지방의 벼 농사법은 중국 대륙과 이어진 다른 나라들에서는 그대로 행해졌지만, 백제에서는 화북의 발달한 농업 기술을 화남의 벼 농사법에 도입하여 한반도 남부의 농에 적합한 철제 농기구를 쓰는 벼 농사법으로 개량하였다. 백제인은 그 기술을 일본에 전하고, 그 영향은 산업 경제뿐만 아니라 정치적 변혁으로까지 파급되었다.

신라 과학 기술의 전개에서 중국과 일본과의 교류와 함께, 이슬람 문화권과의 교류에도 눈을 돌릴 필요가 있다. 신라의 과학 기술 문화에서 이슬람 세계의 영향은 그들 나라와의 직접 교류의 자취가 여러 곳에서 발견되고 있어, 새로운 조명이 필요하게 되었다. 한국의 전통 과학의 흐름 속에 스며든 문화의 폭을 이해하는 데 이슬람 과학 문화의 영향은 결코 지나쳐 버릴 수 없는 무게를 가지기 때문이다.

4절 | 고려의 과학과 기술

고려의 과학과 기술은 말할 나위도 없이 신라 과학 기술의 전통을 바탕으로 이루어진 것이다. 그리고 그것은 밖으로는 송 · 원의 과학 기술과 문화의 영향과 자극을 크게 받았다. 이슬람 과학 기술 문화의 영항도 직접 · 간접으로 나타나고 있다. 고려의 기술적 발전을 대표하는 것은 목판 인쇄의 발전, 청동 활자 인쇄 기술의 발명과 고려청자의 개발이다.

고려의 목판 인쇄는 송판본을 몹시도 좋아했던 지배층의 귀족적 취향을 충족시키려던 서예적인 동기에서 비롯되었다. 그러나 한편으로는 잘 알려져 있는 바와 같이 불경의 조판으로서 불력의 도움을 받아 계단(契丹)과 몽고의 침략으로부터 나라를 구하려던 종교적인 기원에서 시작되고 발전하였다. 지금 세계에서 가장 규모가 크고 훌륭한 최고의 목판으로 널리 알려진 고려의 팔만대장경도 이렇게 만들어진 것이었다. 팔만대장경 판목은 인쇄용 목판 기술이 도달할 수 있는 마지막 단계까지 발전한 완벽한 제작 솜씨를 가진 것으로 평가되고 있다. 그런데 13세기 초에 발명된 청동 활자 인쇄술은 목판 인쇄의 발전과는 전혀 다른 요구에 의해서 생겨났다. 그것은 책의 수요가 중국에 비해서 훨씬 적었던 고려의 실정에서 여러 종류의 책을 제작하기 위해서 필요로 하는 막대한 양의 판목과 시간과 노동력의 공급을 다할 수 없어, 그 해결책으로 개발해 낸 것이었다.

중국에서는 11세기에 필승이 도활자(陶活字) 인쇄술을 발명했으나, 금속 활자는 14세기에 이르러서도 주조의 어려움과 적당한 잉크와 종이를 쉽게 만들 수 없어서 실용화되지 못했다. 그러나 고려의 기술로는 그것들이 가능했다. 고려의 기술자들은 청동으로 활자를 부어 만드는 데 필요한 모래 거푸집의 제조 기술을 알고 있었고, 청동 활자에 적합한 유성 먹과 질이 좋은 종이를 만들어 내고 있었다. 그래서 고려의 기술자들은 목판이나 목활자에서 청동 활자로 인쇄하는 새로운 기술 개발을 시도한 것이다. 이것은 커다란 기술 혁신이었다.

고려인은 이렇게 해서 금속 활자 인쇄술을 발명하였다. 그 기술의 핵심인 청동 활자를 주조하는 모래 거푸집을 고려의 공장(工匠)이 발명한 것이다. 그것은 인쇄술 발달에 있어서 가장 중요한 공헌이었다. 아마도 그 기술은 신라 공장(工匠)이 쌓아올린 수많은 청동제 그릇들과 대범종의 주조 기술의 전통을 이어받은 것이라고 생각된다. 한국의 광산물 중에서 구리가 가장 많았다는 것도 고려에서 청동 활자에 의한 인쇄 기술이 세계의 어느 지역보다도 일찍 개발된 요인의 하나라고 생각된다. 이 기술 혁신으로 고려는 문화와 학문의 체계적 전달 체계에 커다란 변혁을 일으켰다. 고려와 같이 책의 수요가 별로 많지 않은 사회에서 여러 종류의 책을 만들어 내는 데 견고한 금속 활자는 가장 효율적인 인쇄 수단이었다. 고려는 짧은 기간 동안에 많은 학술적, 문화적 및 종교적 정보들을 인쇄 매체로 보존 전파하는 데 일단 성공했다. 그들은 중국의 학문적 수준에 까지 다다르기 위해서 그 어려운 기술적 작업을 창조적으로 해낸 것이다.

고려의 공장(工匠)은 중국에 이어 자기를 만드는 기술을 개발했다. 그것은 신라의 요업 기술이 발전시킨 매우 훌륭한 옹기 그릇 제조 기술의 전통을 바탕으로 한 것이다. 흔히 신라토기라고 하는 독특한 경질토기는 그 마지막 기술의 단계에 선 토기라기보다는 도기와 자기의 중간에까지

도달한 훌륭한 것으로 발전하고 있었다. 고려의 청자 제조 기술은 이러한 기술의 바탕 위에 그 당시 최첨단 기술이었던 송자기의 영향을 받아서 발달한 것이다. 그러나 그 기술은 송 자기의 제조 기술을 능가하는 아름다움을 창조했다고 평가되고 있다. 고려청자는 그 형언할 수 없을 만큼 깊고 은은한 아름다움을 가진 이른바 비색과, 상감법을 구사한 독특한 문양, 그리고 소박하면서도 세련된 기형의 아름다움으로 당대의 중국인에게까지도 '천하의 제일품'이라고 찬탄되었을 정도였다.

고려의 공장(工匠)들이 그때까지 금속 공예품에만 쓰이던 기술인 상감기법을 자기에 응용한 독특한 수법을 개발한 것은 자기 제조 기술에서 새로운 경지를 연 특필할만한 발전이었다. 이와 같이 청자의 기술은 송나라에서 도입되었지만 그것은 선진 문화를 수용하는 하나의 과정으로서, 단순한 모방은 아니었다. 고려청자에는 한국인이 개발하여 발전시킨 요업기술의 전통과, 중국인이 나타내지 못한 독특한 미적 감각이 표현되고 있다. 고려청자는 화려하지 않으며 기교적이지 않다. 자연스러운 선과 우아한 멋을 지닌 디자인은 송·원의 청자와 뚜렷하게 구별된다. 거기에는 고려 도공들의 인생관과 자연관이 엿보이기도 한다. 그것은 청자 제조 기술의 차원 높은 성숙도를 나타내는 것이다.

고려의 기술자들은 중국과는 다른 등요라는 독특한 가마를 개발했다. 그것은 그 후 한국의 전통적 가마로 한국적 자기를 구워내는 데 오래도록 이어졌다. 흙과 불의 조화를 성공적으로 이루어 내는 기술의 비결의 하나가 거기에 있었다. 등요는 틀림없이 고려자기 기술자들이 개발 조제한 유약의 깊은 색깔을 내는 데 가장 알맞은 가마의 형태였을 것이다.

천문학과 의약학도 그 전의 왕조들에서처럼 고려 과학의 기둥이었다. 다만, 지리학을 더할 수 있을 것이다. 고려의 천문학은 관측천문학에서의 주목할 만한 업적과 고려의 역법 체계를 세우기 위한 노력으로 특징지을 수 있다. 『고려사』 천문지에는 475년간의 관측 기록이 집약되어 있다. 고려는 국가적인 차원에서 천문 관측이 독자적으로 이루어지고 있었다. 고려의 천문 관리들은 면밀하고 정확한 관측을 조직적으로 수행하였다. 그들은 고려 말까지 87회의 혜성 관측 기록을 남겼다. 그 중에는 72일간에 걸친 관측 기록도 포함되어 있다. 그 기록 중에는 또 132회에 달하는 일식의 관측 기록이 있는데, 이것들은 중세 이슬람 천문학자들이 남긴 기록에 필적한다. 또 태양 흑점의 관측 기록들은 특히 주목된다. 그것은 '일중흑자'라고 표현되고 있는데 예를 들면, 1151년 3월 2일 '태양에 흑자가 있다. 그 크기는 계란만하다'는 것을 비롯하여, 1024년부터 1383년 사이에 34회에 달하고 있다. 여기서 유의할 것은 태양 흑점 관측 주기성이다. 1151년 3월부터 1278년 8월까지의 사이에는 8년에서 20년마다 태양 흑점이 관측되고 있는데, 이것은 현대 천문학에 있어서의 평균 주기 7.3~17.1년과 거의 일치하고 있다. 조선시대의 문헌에 의하면 태양 흑점은 오수정을 써서 관측했다고 한다.

고려의 역법은 처음에는 통일신라의 역법을 계승했는데, 그것은 중국의 선명역을 바탕으로 한 것이었다. 그런데 그 역법은 시행한 지 오래되어 중국에서도 새 역법으로 개력한 뒤여서, 고려는 나름대로 역법의 오차를 극복하는 노력을 경주하지 않을 수 없었다. 그러한 노력의 과정에서 여러 가지 고려의 역서들이 편찬되었으나 중국 역법만한 것이 나오지 못했다. 13세기에는 원의 수시력을 채용하게 되었다. 그것은 매우 훌륭한 역법이어서 고려 천문학자들도 수시력의 연구에 많은 노력을 기울였다. 그 성과의 하나가 1343년에 간행된 강보의 『수시력첩법입성』이다. 강보는 이 조격 수표를 자기 자신의 계산법에 의해서 만들어 냈다. 이 수표는 한국 및 중국 역학의 이론과 그 계산법을 연구하는 데 매우 중요한 문헌으로 가치 있는 자료를 제공하고 있다.

고려 의약학의 성립도 고려 과학의 주요한 성과로 꼽을 수 있다. 한국에서 의약학이 체계적으로 기초 지어진 것은 대체로 6세기에서 7세기에 이르는 삼국의 전성시대였다. 한국 고대의 전통적 의약 처방에 중국의 의학 이론이 들어와서, 한국산 의약을 쓴 한국의 의학으로서의 체계가 서고 있었던 것이다. 도홍경의 『본초경집주』에는 11종의 한국산 의약이 나타나고 있으며, 10세기 일본의 유명한 의서인 『의심방』에는 백제와 신라의 의서에서 처방이 인용되고 있다. 9세기에 이르면 22종의 한국산 의약이 중국과 일본의 의서에 나타난다. 고려의 의약학은 이러한 전통 위에 성립하였다. 그리고 10세기에는 국립 의학교가 창립되고, 의원의 국가 시험제도가 시행되었다. 그후, 12세기에서 13세기에는 송 의학을 적극적으로 도입하고, '향약방' 이라 불리는 고려 독자의 처방이 출현하였다. 『향약구급방』 3권이 그것이다. 이 의서는 고려산 약재에 의한 처방을 중심으로 한 것이어서, 그때까지의 한국 전래의 의약학적 지식의 결산이었다. 여기에는 180종의 고려산 의약에 대한 명칭과 약의 성질 및 채집 방법 등이 설명되어 있다. 이제 고려에서 고려산 의약에 의한 고려의 의서가 저술된 것이다.

고려의 산업 기술 중에서 우리가 놓칠 수 없는 또 다른 몇 가지 중요한 발전이 있다. 금속 공예, 그리고 화약과 화포 및 무명의 출현이 그것이다. 고려의 금속 기술은 신라의 기술적 전통을 이어 받아 한 단계 높은 수준으로 전개되었다. 고려의 청동기 기술과 철기 기술은 지금까지 별로 평가를 받지 못했다. 그러나 그것은 재조명되어야 하고 제대로 평가되어야 할 것이다. 고려의 기술자들은 놋이라고 불리는 우수한 청동 합금을 발전시켰다. 아름다운 황금색의 놋그릇이 한국인의 식기로 크게 보급되기 시작하였고, 청동 거울이 대량으로 생산되어 고려인 생활 속에 자리 잡았다. 이러한 청동 기술의 전개는 마침내 거대한 주철 불상을 출현케 했다. 9세기에서 11세기 사이에 제조된 철을 부어 만든 불상들은 그 뛰어난 주조 기술과 용접 기술에서 고려의 제철 기술이 최고의 수준에 있었음을 보여주고 있다. 남아 있는 몇 개의 커다란 철불은 청동 불상을 방불케 할 정도로 훌륭하게 주조된 것이다.

고려에는 14세기 전반기에 화약과 화포가 출현했다. 그 당시 중국에서 극비에 부치고 있었던 화약 제조의 비밀을 최무선(1325~1395)이 재발명해 낸 것이다. 고려는 화약의 본격적인 제조 기술의 성공에 힘입어 화약 병기의 제조를 위한 정부 기구를 발족시켰다. 고려의 우수한 금속 기술로 중국 화포를 모방하여 청동제 화포를 만드는 일은 어려운 일이 아니었다.

고려에서 제조된 중화기들은 해군 전함에 장착되어 왜구의 섬멸에 크게 활용되었다.

중국에서 대외적으로 유출되는 것을 막았던 기술을 고려 사람이 빼낸 것이 또 하나 있다. 목면의 기술이다. 14세기에 중국에 갔다 온 문익점(1329~1398)이 목화의 씨앗을 몰래 가지고 돌아와서 자기 고향에서 재배하는 데 성공한 것이다. 그것은 고려 사람들의 생활에 혁신적 변화를 일으킨 커다란 사건이었다. 무명옷과 솜옷, 솜이불을 쓰게 되고 배의 돛을 무명천으로 만들게 되면서 고려의 경제 전반에까지 영향을 미치게 되었다. 면포가 화폐와도 같이 유통되는 전통이 서기 시작한 것은 그 경제적인 영향력을 말하는 것이다. 고려의 중요한 농작물로 목화 재배가 크게 번져 나가게 되었다. 그리고 무명의 직조 기술도 크게 발전하였다.

5절 | 자주적 과학 기술의 전개

이렇게 한국인은 중국의 전통적 거대 과학의 그늘에 있으면서도 그들 나름의 창조적 발전을 여러 분야에서 이룩했다. 이러한 창조성은 조선왕조에서 더욱 확대되어 갔다. 특히 조선왕조 초기에 있어서의 자주적 문화 창조의 기운과 국가적인 노력의 경주는 새 왕조의 과학 기술 발전에 강력한 추진력이 되었다. 1395년 서울로 수도를 옮긴 조선왕조는 왕조의 권위의 표상으로 새로운 천문도를 돌에 새겨 만들었다. '천상열차분야지도'가 그것이다. 그것은 1,465개의 별을 283개의 별자리로 그려 넣은 완벽한 별자리 그림이다. 가로 122.8 cm, 세로 200.9 cm 크기의 검은 대리석에 새긴 이 천문도는 14세기 조선 천문학이 어떻게 전개되고 있었는지를 실증하는 귀중한 유물이다. 조선왕조 초의 과학 기술 전개에서 또 하나의 중요한 성과는 청동 활자 인쇄 기술의 재발명이다. 1402년(태종3년)에 태종은 대신들의 강력한 반대에도 불구하고 유명한 계미 청동 활자의 주조를 강행했다. 그러나 계미자로 인쇄한

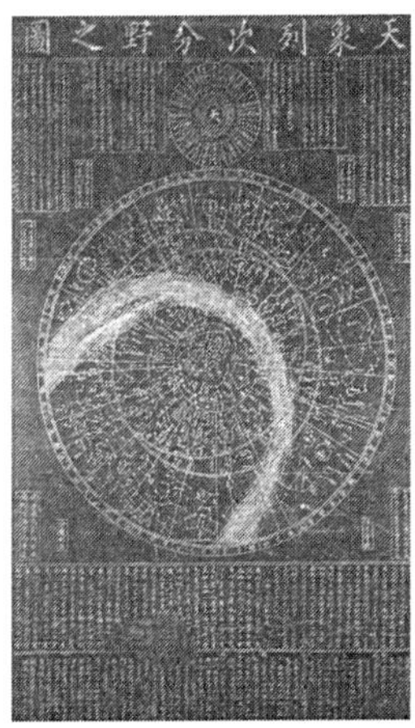

천상열차분야지도

책들은 현존하는 몇 가지 고려 목판본들보다 조금도 좋은 인본이라 할 수는 없다. 또한 인쇄의 능률에 있어서도 한 가지 책만을 인쇄할 때와 비교하면 오히려 뒤떨어진다. 그리고 소요되는 경비와 노동력도 별로 나을 것이 없다. 그러니까 생산성이 떨어지는 기술이었다. 그럼에도 불구하고 이 사업은 다음 임금인 세종에 의하여 훌륭히 계승되어 국책 사업으로 추진되었다. 그 결과, 조선식 활판 인쇄 기술은 크게 개량 발전되어 완성의 단계에 도달했다. 기술 혁신이 이루어진 것이다. 이것은 동아시아의 다른 지역에서는 볼 수 없었던 일이다.

청동 활자 인쇄술은 태종이 1402년에 말한 것처럼 '천하의 책을 모두 인쇄' 하기 위해서 시작된 것이었다. '중국에서 사오는 책에만 의존해서는 안 된다' 는 것이 태종의 신념이었다. 그것은 '백년지대계' 를 성취하기 위한 거시적 정책의 추진이었다. 그것은 세종에 의하여 계승되고 더욱 확대 발전되었다. 15세기의 조선 금속 활자본이 같은 시대 어느 지역의 인쇄본보다 뛰어나게 훌륭한 것은 세종대 기술 혁신의 결과였다. 조선에서의 청동 활자 인쇄술의 발전은 중국에서는 거의 내버려졌던 기술이 한국에서는 국가적 과제로 추진됨으로써 과학과 문명에 크게 기여한 기술이 된 하나의 사례라고 할 수 있다. 그것은 또한 한국인이 중국 과학 기술의 모방에서 머무르려 하지 않았음을 보여 주는 사례이기도 하다. 창조적 기술 개발을 이룩한 것이다.

1402년의 계미자에 의한 인쇄 기술상의 결점은 1421년에 세종과 이천 등의 과학자에 의하여 국가적 프로젝트로 개량이 추진되었다. 청동 활자의 완전한 규격화와 정밀한 주조 기술 개량에 의한 아름다운 활자의 주조가 이루어졌다. 조판 기술이 놀라울 만큼 향상되었고 따라서 인쇄 능률과 인쇄 효과가 크게 발전하였다. 이 기술적 발전은 1434년의 갑인자의 주조로 이어졌다. 14년 동안의 발전은 비약적인 것이어서 금속 활자 인쇄는 거의 완벽한 단계에까지 이르게 되었고, 능률 또한 수십 배로 향상되었다. 조선식 청동 활자 인쇄술이 완성된 것이다.

이러한 발전적 업적은 한국 전통 과학의 황금시대라고 불리는 세종대

측우기

수표

에 특히 두드러지게 나타나고 있다. 우량계의 발명도 그 하나이다. 1442년(세종23년)에서 1443년(세종24년)에 걸쳐서 측우기와 수표라고 명명된 강우량의 측정기가 발명되어 강우량의 과학적 측정법이 완성되었다. 높이 31 cm, 직경 15 cm의 원통형 측우기의 발명은 강우량을 정확히 측정하려는 노력에서 이루어졌다. 조선왕조 초기에 이르기까지 오랫동안 땅속에 스며든 빗물의 깊이를 재서 강우량을 측정하는 방법이 행해지고 있었다. 그것은 땅이 말라 있을 때와 젖어 있을 때에 따라 차이가 나게 마련이었다. 세종 때의 과학자들은 그것을 측우기라는 측정기기를 써서 정확하게 측정하는 획기적인 방법으로 개량한 것이다. 그 결과 세종대의 관료 과학자들은 자연 현상을 기기를 써서 수량적으로 측정하는 과학적 방법을 발명하게 되었다.

조선왕조 정부는 중앙 관서에서 만든 철제 측우기의 모델에 따라 같은 규격의 측우기를 자기나 옹기로 만들어 전국의 모든 지방 관청에서 정해진 규정에 따라 강우량을 측정하게 했다. 그리고 그 결과는 정기적으로 서운관에 서면으로 보고하게 제도화했다. 서울에는 시내 중심을 흐르는 청계천과 남쪽의 큰 강인 한강에 수표를 세워 하천의 수위도 정확하게 측정했다. 이렇게 그들은 잘 제도화된 측정 방법으로 전국의 강우량을 통계적으로 집계하는 일을 4백 년 이상이나 계속하였다.

세종대의 과학자들은 바람의 기상학적 측정도 병행하였다. 풍향기를 만들어 깃발 모양의 긴 천이 날리는 것을 보고 풍향과 풍속을 측정한 것이다. 15세기 전반기에 이렇게 기상 관측이 양적 계측기에 의해서 전국적인 규모로 이루어진 것은 한국뿐이다. 측우기 발명의 배경에는 조선왕조의 유교적인 정치 이념과 기우에 대한 하늘을 향한 신앙이 있었고, 농업적 과학 기술 정책을 바탕으로 한 제도적 노력 등이 복합되어 있었다. 그리고 그 원통형 측정기 제작의 발상은 세종대 과학자들의 독자적인 것이었다. 과학으로서의 농업기상학이 세계의 어느 지역에서보다 일찍이 조선에서 성립했다는 사실은 의의있는 일이다.

세종대에는 또한 새로이 천문대도 설립되었다. 대간의라고 불린 경복궁의 대규모의 천문대에는 간의, 훈천 시계와 훈상, 규표, 정방안 등이 설치되었고, 정밀한 자동 물시계이며 천상 시계인 자격루와 옥루, 그리고 각종 해시계들이 부설되었다. 서울의 중심지에는 커다란 공중 해시계도 설치되었다. 해시계들과 휴대용 해시계들은 매우 정밀하게 제작된 것이었다. 특히 앙부일구라고 이름 지어진 이 해시계는 독특한 모델로 우리의 주목을 끈다. 그 후 이 해시계는 조선의 대표적인 해시계로 오랫동안 수없이 많이 제작되었다. 그 휴대용 모델은 지남침을 같이 합해서 새로운 휴대용 해시계로서 아름답고 독특한 디자인이 돋보이는 모델로 자리 잡고 이어졌다. 1434년 완성된 조선 왕조의 새 표준 시계인 자동 물시계는 자동 시보 장치가 붙어 있는 거대한 정밀 기계 시계이다. 제작자 장영실(1390~1450)은 물을 공급하는 항아리에서 흘러내리는 물에 의해서 생기는 부력을 동력으로 해서 몇 개의 지렛대 장치와 굴러 내리는 공으로 작동하는 자동 장치를 창안해냈다. 그가 만든 자동 시보 장치의 추진 방식과 격발 방식은 그때까지의 다른 자동 물시계들과 현저히 다른 것이었다.

자격루

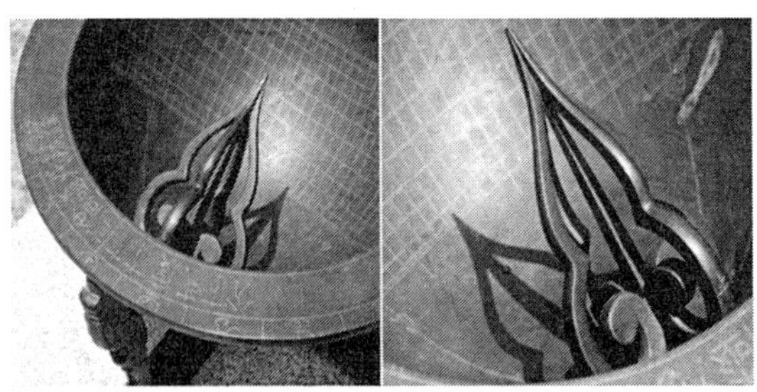

앙부일구

즉 11세기 중국의 소용이 만든 거대한 천문 시계나 13세기의 궁정 물시계, 그리고 아라비아 알자자리(Al-Jazari, 1136~1206))의 물시계 등에서 보이는 것과는 아주 다른 독창적인 것이다. 또 기술적으로도 매우 앞선 방식이었다. 장영실의 자격루는 1536년에 개량된 모델이 다시 제작되었다. 지금 서울 덕수궁에 보존되어 있는 물시계의 유물이 그 물 항아리 장치들이다. 1430년에 시작하여 7년이나 걸려서 완성된 이들 천문 관측기를 만들기 위해서 세종은 수학자, 천문학자, 기술자를 중국에 파견하여 천문 관측 기기를 연구케 하였다. 그리하여 세종대 과학자들은 원(元)의 곽수경 시스템을 중심으로 하는 천문의기를 모델로 했다. 그러나 그것들은 대부분 조선식으로 개량되었다. 이 천문대는 15세기에 있어서 가장 규모가 크고 훌륭한 시설을 갖춘 것이었다. 여기 설치된 훈천 시계 장치와 자동 물시계 장치들은 그 시대의 첨단 기술이고 고도의 정밀 기계여서 문헌의 연구만으로 쉽게 만들어지는 것이 아니었다. 1433년에는 새로이 천문도가 돌에 새겨 만들어졌다. 이것은 14세기말의 석각 천문도를 개정한 것으로 생각된다. 간의대와 그 시설들은 세종대 과학 기술의 위상을 보여주는 것이다.

세종대의 천문학자들은 그들의 관측과 계산을 바탕으로 해서 자주적 역법 체계를 확립하였다. 『칠정산내편』과 『칠정산외편』의 편찬은 그러한 노력의 소산이었다. 이 두 천문역학서는 세종대의 천문역학자들이 중국 천문학과 역법 계산의 기본 원리와 이론을 완전히 정확하게 소화하고 있었고, 이슬람 천문 · 역법의 이론도 도입하고 있었음을 말해주고 있다. 『칠정산외편』은 한문으로 엮어진 이슬람 천문 · 역법의 가장 훌륭한 책으로 높이 평가되고 있다. 이제 조선왕조는 자기의 역법을 바탕으로 자기 나라의 역서를 가지게 되었다. 이 달력의 특징은 서울에서 관측한 자료에 기초하여 서울의 위도에 따라서 작성되었다는 점이다. 이 달력은 1년의 길이를 365.2425일로 정하고, 1개월의 길이를 29.530593일로 정해 수시력과 같은 상수를 취하고 있다. 그것은 또 1년 또는 1개월의 평균치와 매일 매일의 실질적인 수치 사이에 나타나는 차도 매우 정밀하게 보여주고 있다. 세차의 값도 현재의 것과 같으며 그 밖의 대부분의 수치들이 유효숫자 여섯 자리까지 현재의 값과 일치하고 있다.

세종대의 과학적 업적은 과학 기술의 모든 분야에서 현저하게 드러나고 있다. 고려청자는 조선 초에 특징 있는 분청사기를 거쳐 백자가 주류를 이루게 되었다. 그것들은 조선 초부터 고려의 자기와는 형식과 성질이 전혀 다른, 이른바 조선자기로 변모하고 있다. 청화백자는 세종대에 중국에서 처음으로 수입되어 15세기 중엽부터는 조선에서도 만들 수 있게 된 자기인데, 그 기형과 청화 문양의 주제는 중국과는 전혀 다른 것이었다. 조선 백자는 기술적으로는 세종대 중기부터 질적으로나 양적으로도 중국 것과 어깨를 겨누게 되었다.

조선 초기에는 군사 기술에서도 조선의 특색이 강하게 나타났다. 조선식 화포와 거북선의 출현이 그 대표적인 보기이다. 화포는 중국의 기술을 수용하여 고려 말부터 실용화되었는데, 세종대에 이르러 중국의 양식에서 완전히 탈피하여 새로운 조선식 화포가 개발되었다. 강력한 국가적 통제에 의하여 추진된 화포의 전면적 개주 사업으로 조선왕조는 완전히 규격화된 조선식 화포를 가지게 되었다. 그 화포들 중에서 몇 가지 중화기는 탄환뿐만 아니라 한 번에 여러 개의 불화살을 발사할 수 있는 것이었다. 세종대의 화포 기술의 발전을 바탕으로 하여 그 다음 왕대에 나타난 화차는 동시에 다수의 로켓을 발사하는 이동식 로켓 발사대였다. 조선식 화포의 전면적 개주 사업은 1455년에 끝났는데, 이때 완성된 모든 화포의 주조법과 화약 사용법을 상세히 기록하고 그림으로 표시하여 정확한 규격을 기입한 화약 병기의 기술서가 편찬 · 간행되었다. 그것이 『총통등록』(1488)이다. 이 책은 15세기 최고의 화약 병기에 관한 기술서이다. 조선 왕조의 화포 제조 기술은 이로써 새로운 전기를 맞이하였다.

조선 초기의 전함으로 유명한 거북선은 왜구 즉 일본인 해적 집단의 백병 전술에 대비하여 개발한 돌격 전함이다. 거북선은 한마디로 여러 개의 중화기로 무장한 중장갑의 연해용 돌격 전선이다. 그것은 기발한 아이디어로 설계된 특이한 전선의 모델에다가 그 뛰어난 화력과 기동력으로 높

거북선

이 평가된다.

지리학의 분야에서도 괄목할 만한 업적이 있었다. 1402년에 그려진 조선 지리학자들의 세계 지도 '혼일강리역대국도지도'는 중국에서 작성된 몇 가지 중국 중심의 지도들을 바탕으로 한 것이지만, 그들이 생략한 서쪽 세계와 조선과 일본을 제대로 나타낸 보다 앞선 세계 지도이다. 그것은 중화적 세계관에서 벗어나지는 못했지만, 유럽과 아프리카 지역과 극동을 포함하는 넓은 의미의 세계지도로서 그 당시의 가장 새로운 지리학 지식을 반영하는 것이다. 1402년의 이 세계 지도에 나타나 있는 한반도의 지형은 상당히 정확하여 고려의 한국 지도가 이미 제대로 그려지고 있었음을 보여주고 있다. 세종대에는 그것을 바탕으로 한 실지 측량이 전국적으로 이루어져서 거의 완전한 한국 지도를 제작하기에 이르렀다. 정척(1390~1475), 양성지(1415~1482)의 '동국지도'가 그것이다. 이 지도는 세종 때의 천문학적 관측 성과를 바탕으로 했기 때문에 그 정확성이 뛰어났다. 백두산과 강화도 마니산, 한라산의 위도 측정으로 한반도의 남북간 거리와 동서의 폭, 그리고 한양 북극 고도의 확정으로 서울에서 백두산, 서울에서 제주도를 잇는 직선 거리가 정확히 결정되었다. '동국지도'는 이런 모든 측정치를 가지고 제작된 과학적 지도였던 것이다. 지금 일본에 남아 있는 15세기 전반의 조선 지도는 한반도의 정확한 해안선과 지형, 산맥과 하천, 섬과 도로에 이르기까지 정밀하게 그려져 있다. 그리고 도시와 산맥, 하천, 도로망 등을 아름다운 색깔로 채색하여 전체의 색채를 조화롭게 그려서 아주 보기 쉬운 지도를 제작했다.

그래서 이 지도는 15세기에 제작된 세계의 어느 지도보다도 훌륭한 것으로 꼽히고 있다. 정확한 조선 지도의 제작과 함께 세종대의 관료 지리학자들은 보다 완벽한 지리지를 만들기 위하여 노력했다. 현지에서의 직접 조사와 문헌 연구를 병행하여 편찬된 조선의 지리지는 전국 지도와 각 도의 지도를 덧붙여 지리지로서의 체제가 제대로 갖추어진 것이다. 『세종실록』에 들어 있는 『지리지』는 그때에 편찬된 지리지의 체제와 내용을 잘 보여주고 있다. 그것은 거의 완벽한 조선 지리지로서 학문적으로도 높이 평가되고 있다. 15세기 지리지 중에서 이렇게 훌륭한 책이 인쇄 간행된 것은 보기 드문 지리학적 성과로 꼽을 수 있을 것이다. 우리는 세종대의 지리지와 조선 지도의 제작 수법에서도 조선 학자들의 뚜렷한 창조적 성향을 찾아볼 수 있다.

의학의 분야에서는 조선 의약학의 체계화와 동양 의학의 집대성이 이루어지고 있었다. 조선 초에 더욱 활발하게 전개된 향약의 연구는 한국산 의약에 관한 의학적 본초학적 지식으로 정리되었고, 독자적 의약 처방으로 체계화되었다. 그것이 1433년에 완성된 『향약집성방』이다. 거기에는 703종의 한국산 의약이 나타나 있다. 이것은 의약학의 중국 의존에서의 탈피로서 획기적인 일보 진전이었다. 이들 연구와 병행하여 이룩한 것이 『의방류취』의 편찬이다. 1455년에 완성된 266권이나 되는 이 의학 대백과사전은 한국과 중국의 의서 153종을 집대성한 것으로 15세기 최대 의서의 하나였다. 이 의약학서는 중국과 일본의 의약학에도 큰 영향을 미쳤다. 그리고 일본에서는 1852년 이 방대한 의서를 목판본으로 간행하여 일본 의학의 주요 텍스트가 되었다.

세종대의 의학 발전은 조선 의학의 기틀을 완전히 잡는 데 크게 기여했다. 그것은 이미 중국 의학인 한의학이 아니고 조선 의학인 동의학이었다. 16세기말 허준(1539~1615)의 『동의보감』 25권은 조선 실증 의학적 지식을 집대성한 조선 의학의 결산이었다.

농업 기술도 세종대에 큰 발전을 보았다. 그때까지의 한국 농업 기술은 주로 중국의 농서를 텍스트로 하여 전개되고 있었다. 그러나 중국의 농서는 한국에서 실제로 농업을 해나가는 지침서가 될 수 없었다. 그래서 편찬된 것이 1429년에 완성된 『농사직설』이다. 그것은 각 지방의 농법을 널리 조사하여 그중에서 가장 현실적이고 발전된 기술을 요약한 것이다. 이 농서는 조선 농업 기술의 향상에 크게 기여했다. 농작물의 종류는 다양해지고 논 농사 기술과 농작물을 기르는 기술이 향상되고 집약 재배 농법이 본 궤도에 오르게 되었다. 그 후 이 농서는 조선 농업의 기본 텍스트로서 중국 농서에 우선하게 되었다. 『농사직설』을 간행하여 농민들에게 앞선 농업 기술을 가르쳐 농업 생산을 증대하려던 세종의 농업 정책은 성공을 거두었다.

면직물의 보급, 농산물의 생산 증대, 의약학의 발달에 의한 질병과의 효과적 대응은 세종의 민중을 위한 한글 창제와 함께 세종대의 한국인의 생활 수준 향상에 크게 기여했다. 조선의 과학과 기술은 이제 더 이상 귀족이나 양반 계층만을 위한 것이 아니고 민중을 위한 지식으로 확대되고 발전하고 있었던 것이다.

이렇게 15세기 전반기인 조선 초에 이룩한 과학과 기술의 발전은 그 질과 양에서 한국의 역사에서는 말할 나위도 없고, 동아시아에서 더 나아가 세계사적인 시야에서 볼 때에도 유례가 없는 발자취를 남겼다. 15세기 전반기의 과학사는 조선왕조 세종대의 과학자들에 의하여 정상으로까지 끌어올려졌다. 그 시기는 '세종의 시대' 라고 부르기에 조금도 손색이 없을 것이다.

참고문헌

1. 박성래 저(1979), 「과학사 서설」, 한국외국어대학교출판부.
2. 김영식, 박성래, 송상용 공저(1992), 「과학사」, 전파과학사.
3. 오진곤 저(2007), 「과학사 총설」, 전파과학사.
4. 송상용 편저(1980), 「과학사 중심 교양과학」, 우성문화사.
5. 전상운(1998), 「한국과학사의 새로운 이해」, 연세대학교 출판부.
6. 김영식, 정원 공저(2003), 「한국의 과학문화」, 생각의나무.
7. 박성래 저(1998), 「한국인의 과학정신」, 평민사.
8. 공하린 저(2006), 「3일만에 읽는 과학사」, 서울문화사.
9. 곽영직 저(1997), 「과학이야기」, 사민서각.
10. 정원우, 송진웅, 이우봉, 권용주, 조숙경 공저(2000), 「과학사의 이해」, 경북대학교 출판부.
11. 노홍균, 최옥식, 권진혁 공저(1997), 「과학사개론」, 영남대학교 출판부.

저자 약력

박종범

학력

성균관대학교 대학원 생물학과(이학박사)
미국 Ohio State University (Plant Biotechnology Center) Visiting Scholar
신라대학교 낙동강연구원장 역임
신라대학교 의생명과학대학 학장 역임
신라대학교 교양과정대학 학장 역임
현재 신라대학교 생물과학과 교수

논문 및 저서

식물발생학(박종범 외 14인 공역, 2000, 아카데미서적)
알기쉬운 자연과학사(박종범 외 4인 공저, 2001, 형설출판사)
식물의 발생 · 형태(박종범 외 19인 공저, 2002, 정문각)
꿈을 현실로 만드는 신라리더십(박종범 외 4인 공저, 2011, 신라대학교 출판부)
숲과 인간생활(박종범·김동균, 2013, 신라대학교 출판부)

과학사 이해

초 판 1쇄 발행 / 2014년 8월 25일
개정판 1쇄 발행 / 2016년 8월 31일
개정판 4쇄 발행 / 2021년 9월 27일

저자 박종범
발행처 형설출판사
경기도 파주시 회동길 37-23 · 전화 (031) 955-2361～4 · 팩시밀리 (031) 955-2341
발행인 장진혁
등록 라-제9호 · 1962년 5월 1일
홈페이지 http://www.hyungseul.co.kr
e-mail hs@hyungseul.co.kr

정가 15,000원

ISBN 978-89-472-8104-1 93400

이 도서의 국립중앙도서관 출판시도서목록(CIP)은 서지정보유통지원시스템 홈페이지(http://seoji.nl.go.kr)와 국가자료공동목록시스템(http://www.nl.go.kr/kolisnet)에서 이용하실 수 있습니다.(CIP제어번호 : CIP2016016699)

COMPREHENSION OF SCIENCE HISTORY

과학사 이해